全国中等职业技术学校数控加工专业一体化精品教材

铣工工艺与技能

（学生指导用书）

人力资源和社会保障部教材办公室组织编写

中国劳动社会保障出版社

图书在版编目(CIP)数据

铣工工艺与技能：学生指导用书/人力资源和社会保障部教材办公室组织编写．—北京：中国劳动社会保障出版社，2010

全国中等职业技术学校数控加工专业一体化精品教材

ISBN 978-7-5045-8558-5

Ⅰ.①铣…　Ⅱ.①人…　Ⅲ.①铣削-专业学校-教学参考资料　Ⅳ.①TG54

中国版本图书馆 CIP 数据核字(2010)第 146694 号

中国劳动社会保障出版社出版发行

（北京市惠新东街 1 号　邮政编码：100029）

出　版　人：张梦欣

*

北京市科星印刷有限责任公司印刷装订　　新华书店经销

787 毫米 ×1092 毫米　16 开本　12 印张　285 千字

2016 年 9 月第 1 版　　2025 年 1 月第 10 次印刷

定价：20.00 元

营销中心电话：400-606-6496

出版社网址：http://www.class.com.cn

http://jg.class.com.cn

目 录

项目一

铣床的基本操作练习

任务1　参观铣削加工现场

一、工作任务

本任务是在老师的带领下参观生产现场，从而使学生比较深入地了解铣削加工的内容、加工特点、铣床种类等基本知识，让学生体验一下铣削加工的工作环境，并进一步了解铣床的类型和 X6132、X5032 等典型铣床的结构，为进一步进行铣床的操作训练作准备。参观过程中要听从老师的统一指挥，注意在复杂生产环境下的个人安全，并在参观过程中注意认真观察，做好参观记录。

二、任务实施

学习环节	学习过程和内容
新课准备	参观前可先通过观看视频或查阅文献资料等方式对铣削加工及铣床做一些基本的了解。 1. 什么是铣削加工？它主要能完成哪些工作？ 2. 你认识铣床吗？怎样才能从众多的机床中分辨出哪台是铣床？

理论学习	结合老师讲解完成下列问题： **一、铣削加工及其特点** 1. 铣削加工采用________（a. 单刃　b. 双刃　c. 多刃）刀具加工，刀具冷却效果________，耐用度________。 2. 在普通铣床上使用各种不同的铣刀可以完成________、________、沟槽（包括________、________、________、________等）以及特形面的加工。若加上分度头等铣床附件的配合运用，还可以完成________、________、________等工件的铣削。 3. 由于铣削加工所独有的特点，它特别适合______________的组合体零件的加工，因此在模具制造等行业中占有非常重要的地位。 **二、铣床型号** 1. 观察图1—1所示典型铣床，并根据其牌号简述机床的类别、结构特性等。  ______________________________ a) X2010 铣床  ______________________________ b) X8126C 铣床  ______________________________ c) X6132 铣床 图1—1　常见铣床

理论学习	

2. 请将下面各机构与部件对应的名称序号填写到图 1—2 的相应位置上。

①主轴　②主轴套筒　③主轴变速机构　④床身　⑤主电动机　⑥底座　⑦立铣头　⑧电气箱　⑨升降台　⑩工作台　⑪回转盘　⑫进给变速机构　⑬横向溜板　⑭挂架　⑮横梁　⑯主轴进给手柄　⑰纵向进给手柄　⑱立铣头回转盘

图 1—2　铣床结构

3. 请在表 1—1 中填写出 X6132 铣床以下主要部件与机构的相关内容。

表 1—1　　**X6132 铣床主要部件与机构**

部件名称	功用及结构特点	技术参数
主轴		
横梁与挂架		
主轴变速机构		
进给变速机构		
工作台		
横向溜板		
升降台		

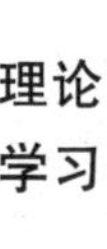

实践操作	听取老师对所参观车间的基本情况、注意事项和参观要求的介绍，在指导老师带领下参观铣工实习车间。

三、课后小结

1. 和同学们一起谈一谈这次参观的见闻、体会和收获。

2. 谈一谈自己对铣削加工的认识和对未来将从事这一职业的感想、展望。

任务2　掌握X6132铣床的基本操作

一、工作任务

本任务需先学习和了解《铣床安全操作规程》和《铣工安全文明生产制度》等内容，并在保证人身安全的前提下，对X6132铣床进行一次全面的清洁保养。通过对铣床的清洁保养，一方面掌握铣床清洁保养和润滑的方法；另一方面进一步了解X6132铣床的结构，熟悉铣床上各个手柄的作用，并在了解各手柄作用的前提下展开各手柄的操控练习。要求能熟练完成主轴变速操作、进给变速操作，手动进行工作台各个方向的准确定距移动和各方向机动进给的控制。

二、任务实施

学习环节	学习过程和内容
新课准备	在进入实训车间前，首先要熟悉《铣工安全文明生产制度》《铣床安全操作规程》及铣床的润滑保养等相关内容，养成安全文明生产的良好习惯。

理论学习

一、《铣工安全文明生产制度》

操作铣床时需要遵守的规章制度有哪些？

二、《铣床安全操作规程》

1. 在操作铣床加工工件前，应检查：

（1）____。

（2）____。

（3）____。

（4）____。

（5）____。

2. 装卸工件、刀具，变换转速和进给速度，测量工件，配置配换齿轮，必须在________状态进行。

3. 高速铣削或刃磨刀具时，必须戴好____________。

4. 机床不使用时，各手柄应置于________位置，各方向进给的紧固手柄应________，工作台应处于各方向进给的________位置，导轨面应适当涂抹润滑油。

三、铣床的润滑保养

使用铣床时，你会对铣床进行正确的润滑和保养吗？试说明如何进行？

实践操作

组内同学对照表1—2相互检查着装是否符合要求。

表1—2　　着装要求检查表

项目	着装要求	检查情况
1	穿着的防机械外伤工作服应做到领口紧、下摆紧、袖口和裤脚紧，以防刮绞及切屑对人员造成伤害。女同学应戴工作帽，并将长发盘起塞入帽内	
2	正常作业时，铣工不准戴手套，以防被机械缠住或夹住的危险发生	
3	进行加工作业时，应佩戴防护眼镜	
4	在机加工车间应穿着具有防砸、防穿刺、防滑、防油及绝缘等性能的工作鞋，且一定要系紧鞋带	

实践操作

一、对铣床进行日常保养

1. 清洁铣床

（1）每组一台机床，关闭或切断铣床外接电源，并请老师确认。然后用毛刷将工作台面及导轨等处的切屑清理干净，以免擦拭机床时切屑将手刺伤。

（2）从上到下用棉纱或软布擦洗床身各部，包括横梁、挂架、各个导轨、主轴锥孔、主轴端面、拨块、后尾、底座等各处。

（3）上、下、左、右移动升降台和工作台，清洗升降丝杠和纵向丝杠。

（4）拆下床身后的电动机防护罩，擦拭电动机，清洗冷却油泵过滤网，清扫电气箱、蛇皮管并检查是否安全可靠。

（5）擦洗附件并按文明生产要求清理工具箱，保证工具箱内整洁有序。

（6）清理机床周围环境，并按要求对机床导轨、丝杠轴承座等处进行润滑。

（7）将工作台摇到各方向进给的中间位置，各手柄置于空挡位置，将各方向进给的紧固手柄松开，并在导轨面上涂抹润滑油。

2. 对铣床进行润滑

（1）采用手拉油泵对工作台纵向丝杠和螺母、导轨面、横向溜板导轨等进行注油润滑，并不定距前后左右手动移动工作台。

（2）接通电源，启动主轴，观察各油窗是否甩油，油位是否处于正常位置。

（3）用油枪对各注油孔进行注油润滑。

二、铣床基本操作训练

1. 手动操作移距练习

（1）对照机床实物，熟悉各手柄的名称和作用。

（2）关闭机床电源，松开各方向紧固手柄，进行工作台纵向、横向和升降的手动练习。具体操作步骤为：将指定方向手动操作手柄插入，接通该方向手动进给离合器；摇动进给手柄，即能带动工作台作相应方向上的手动进给运动。顺时针摇动手柄，可使工作台前进（或上升）；若逆时针摇动手柄，则工作台后退（或下降）。

练习时，先进行工作台在各个方向的空车手动匀速进给练习，再进行定距移动练习。具体练习内容如下：

1）纵向：进 30 mm→退 32 mm→进 100 mm→退 1.5 mm→进 1 mm→退 0.5 mm。

2）横向：进 32 mm→退 30 mm→进 10 mm→退 1.5 mm→进 1 mm→退 0.5 mm。

3）升降：升 3 mm→降 2.3 mm→升 1.35 mm→降 0.5 mm→升 1 mm→降 0.15 mm。

训练时可采取分组训练，一人发出具体移距指令，另一人按指令完成操作。每完成一组操作后交换一次角色，直到能准确熟练操控为止。

2. 主轴变速练习

（1）手握变速手柄球部下压，使手柄定位榫块从固定环的槽 1（参见教材图 1—19）中脱出。

实践操作	（2）外拉手柄，手柄顺时针转动，使榫块嵌入到固定环的槽 2 内。手柄处于脱开的位置Ⅰ。 （3）调整转速盘，将所选择的转速对准指针。 （4）下压手柄，并快速推至位置Ⅱ，使齿轮啮合。随后，手柄继续向右推至位置Ⅲ，并将其榫块送入固定环的槽 1 内复位。电动机失电，主轴箱内齿轮停止转动。 （5）主轴变速操作完毕，按下启动按钮，主轴即按选定转速旋转。检查油窗是否甩油。 具体练习内容：将主轴转速分别变换为 30 r/min、300 r/min 和 1 500 r/min。 每人练习变速三次后，必须间隔 5 min，再进行下一位同学（或下一组）的练习。 3. 进给变速操作练习 （1）向外拉出进给变速手柄。 （2）转动进给变速手柄，带动进给速度盘转动。将进给速度盘上选择好的进给速度值对准指针位置。 （3）将变速手柄推回原位。 具体练习内容：将进给速度分别变换为 23.5 mm/min、300 mm/min、1 180 mm/min（或按机床铭牌选择最低、中间、最高 3 挡进给速度）。 4. 机动进给操控练习 （1）检查各限位挡铁是否紧固，各手动手柄是否与离合器脱开（特别是升降手柄）。 （2）待同组同学退后到安全观察位置后，由观察同学在身后发出具体动作指令，操作者按指令要求进行机动进给操作练习。 机动操作练习主要应熟悉机床手柄性能，学会把握操作控制手柄的力度和手柄位置的感觉，对各方向的操控要做到准确到位。

三、任务测评

完成操作训练后，先对个人训练情况按表 1—3 进行自我评价，再请老师评价审核。

表 1—3　　基本操作训练情况

操作项目	完成情况						存在问题及改进措施
清洁保养与润滑	优秀		良好		较差		
手动进给	迅速准确		不太熟练		没有掌握		
主轴变速	快速连贯		偶有卡住		总是卡住		
进给变速	快速连贯		偶有卡住		总是卡住		
自动进给	连贯准确		不够连贯		没有掌握		
指导教师评价	指导教师：　　　　年　月　日						

四、课后小结

根据手动移距操控练习、主轴变速操作练习、进给变速操作练习和机动进给操控练习的完成情况进行小结。

任务3　常用铣刀及其装卸

一、工作任务

本次任务是学会识别铣刀的标记，识别不同类型的铣刀；根据铣刀结构来选择不同的安装方法，并通过本练习达到能较熟练地完成不同类型铣刀的安装和拆卸的目的。

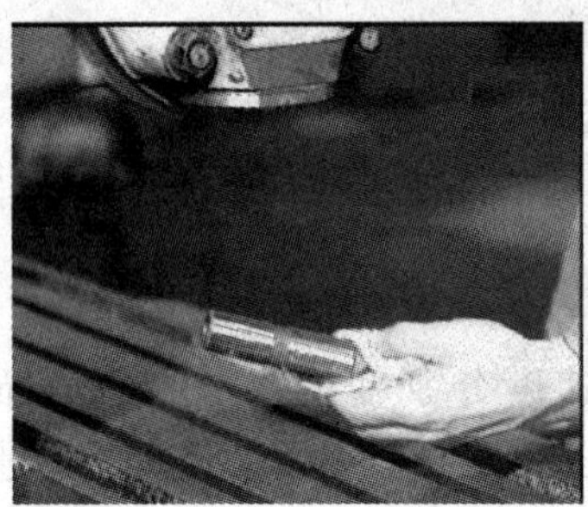
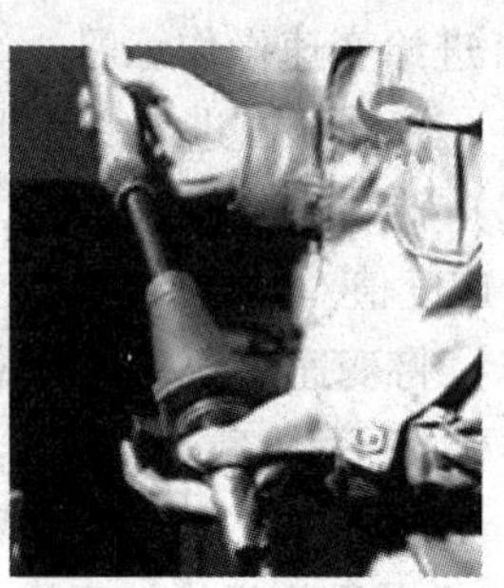

二、任务实施

学习环节	学习过程和内容
新课准备	1. 从安装铣刀的角度考虑，铣刀可分为哪几种类型？ 2. 带孔铣刀、锥柄铣刀和直柄铣刀在安装方法上有哪些主要的不同之处？

理论 学习	**一、常用铣刀的分类及用途** 铣刀有哪些主要的分类方法？按用途分，铣刀又可分为哪几类？ **二、铣刀的标记** 1. 铣刀标记的内容主要包括________、________和________。 2. 简述以下各尺寸标记的具体含义。 （1）圆柱铣刀 $80 \times 100 \times 32$。 （2）角度铣刀 $80 \times 18 \times 27 \times 60°$。 **三、铣刀主要部分的名称和几何角度** 1. 对于铣刀而言，基面有何特点？ 2. 三面刃铣刀与圆柱铣刀的角度有何不同？

实践操作	同组人员相互配合完成以下操作： **一、安装铣刀的刀杆（或刀柄）** 1. 将主轴转速调整到最低，或将主轴锁紧。 2. 根据铣床锥孔的规格选择好刀杆或刀柄，然后擦拭干净锥柄，并选好规格、长短适当的专用拉杆。应注意，拉杆过短无法拉住刀杆，太长则需在尾部多加垫圈，且尾部拉杆外伸过长会产生甩尾等不安全因素。 3. 松开铣床横梁的紧固螺母，适当调整横梁的伸出长度，使其与铣刀刀杆长度相适应，然后将横梁紧固。 4. 右手将铣刀杆的锥柄装入主轴锥孔。此时铣刀杆凸缘上的缺口（槽）应对准主轴端部的凸键。 5. 左手转动主轴孔中的拉紧螺杆，使其前端的螺纹部分旋入铣刀杆的螺纹孔 6 ~7 r。 6. 用扳手旋紧拉紧螺杆上的背紧螺母，将铣刀杆拉紧在主轴锥孔内。 安装时可由同伴协助，但应注意与同伴之间相互配合完成操作。 **二、带孔铣刀的装卸练习** 1. 带孔铣刀的安装 （1）擦净铣刀杆、垫圈和铣刀。将垫圈和铣刀装入铣刀杆，并用适当分布的垫圈确定铣刀在铣刀杆上的位置，用手旋入紧刀螺母。 （2）擦净挂架轴承孔和铣刀杆的支撑轴颈，将挂架装在横梁导轨上。注入适量的润滑油。 （3）适当调整挂架轴承孔与铣刀杆支撑轴颈的间隙。用扳手将挂架紧固。 （4）将铣床主轴锁紧，然后用扳手将铣刀杆紧刀螺母旋紧，使铣刀被夹紧在铣刀杆上。 在练习时注意不要将铣刀装得太紧，以免对拆卸造成困难。装好铣刀后要对安装的铣刀进行检查。 2. 带孔铣刀的拆卸 （1）将铣床主轴转速调整到最低，或将主轴锁紧。 （2）用扳手反向旋转铣刀杆上的紧刀螺母，松开铣刀。 （3）将挂架轴承间隙调大，然后松开并取下挂架。 （4）旋下紧刀螺母，取下垫圈和铣刀。 （5）用扳手松开拉紧螺杆上的背紧螺母，再将其旋出一周。用锤子轻轻敲击拉紧螺杆的端部，使铣刀杆锥柄从主轴锥孔中松脱。 （6）右手握铣刀杆，左手旋出拉紧螺杆，取下铣刀杆，将铣刀杆擦净、涂油，然后将铣刀杆垂直放置在专用的支架上。

实践操作	三、带柄铣刀的装卸练习 1．锥柄铣刀的装卸练习 练习的难点是柄部锥度与主轴孔锥度不同铣刀的装卸练习，特别是当铣刀落入中间套内时卸下铣刀有一定的难度。 2．直柄铣刀和端铣刀及不重磨铣刀刀片的装卸练习 练习时要注意掌握不同铣刀的安装方法，以及C形扳手、叉头扳手和内六角扳手等专用工具的使用方法，方法见教材。 使用各种扳手时要学会施力的方法，注意在最后紧固与开始拆卸时应使用一定的冲击力，但一定要保证扳手的头部不从孔槽中脱出，以免操作人员碰伤和摔倒。

三、任务测评

根据铣刀装卸练习情况，填写表1—4，并请指导教师作出评价。

表1—4　　铣刀装卸训练情况

操作项目	安装铣刀名称、规格	完成情况						存在问题及改进措施
安装铣刀刀杆		优秀		良好		较差		
装卸带孔铣刀		优秀		良好		较差		
铣刀安装后的检查		优秀		良好		较差		
装卸锥柄铣刀		优秀		良好		较差		
装卸直柄铣刀		优秀		良好		较差		
装卸端铣刀		优秀		良好		较差		
装卸不重磨铣刀刀片		优秀		良好		较差		
指导教师评价	指导教师：　　　　年　月　日							

四、课后小结

根据铣刀装卸练习的完成情况总结安装和拆卸铣刀时的注意事项。

任务4　工件的装夹

一、工作任务

工件的装夹是铣削加工工艺过程中最为关键也是最为复杂的问题。工件的形状、尺寸、数量、材质不同都可能会影响工件的装夹方法。所以在铣床上装夹工件的方法很多，在后面的任务中我们还将不断地学习不同的装夹方法。本任务主要是掌握铣床上最常用的工件装夹方法——用平口钳和压板装夹工件。

二、任务实施

学习环节	学习过程和内容
新课准备	1. 你知道什么是装夹吗？定位与夹紧有什么不同？ 2. 回顾参观生产实习车间时，高年级同学和老师都是采用哪些方法对工件进行装夹的？
理论学习	**一、工件装夹的概念** 1. 工件的装夹包含了哪两层含义？ 2. 工件的装夹有何意义？

<table>
<tr><td>理论
学习</td><td>

二、定位原理与相关概念

1. 什么是工件的定位?

2. 试述六点定位原理的含义。

3. 工件定位时，可以采用不完全定位，为什么?

4. 请说明重复定位的危害。

</td></tr>
<tr><td>实践
操作</td><td>

一、安装和校正平口钳

同组同学相互配合，用棉纱擦净平口钳底座接合面和铣床工作台表面。用旋具卸下平口钳底面上的定位键，再进行平口钳的安装与校准练习。具体步骤如下：

1. 将平口钳紧固在工作台面上，再稍稍松开底座回转盘与钳体间的紧固螺钉，小组同学间相互配合，由一人主控，其他同学配合。

2. 采用划针校准，待目测认为准确时，紧固钳体，用 90°角尺进行复检；若有缝隙，可用塞尺检测缝隙的大小，记入校正记录表。

3. 稍稍松开紧固螺钉，用铜棒或木榔头轻轻敲击钳身侧面，使钳口与角尺的尺苗密合，并重新紧固。再用百分表检测，记下读数。

4. 用百分表对平口钳的固定钳口进行精确校准，用铜棒或木榔头轻轻敲击钳身侧面时要密切注意百分表指针变化的情况，先用手动进给校准，操作熟练后再改用机动进给进行校准。最终当钳口全长范围内，百分表读数的差值控制在 0.03 mm 后，紧固钳体，再进行复检。

</td></tr>
</table>

实践操作	完成上述操作后，将底座回转盘与钳体间的紧固螺钉松开，将平口钳钳身转过90°后，换主控人，重新进行下一轮的校正练习。 **二、用平口钳装夹工件** 用锉刀去掉准备进行装夹工件上的毛刺、氧化皮等，擦拭干净工件、平口钳钳口和导轨面，选择适当宽度和厚度的垫铁，在钳口上垫上事先准备好的铜皮，以防装夹工件时损伤钳口。然后再进行装夹练习。 **三、用压板装夹中大型工件** 在工作台面上垫上铜皮，用压板对较大工件在工作台面上进行直接装夹。装夹时按工件的形状、规格通过讨论来确定所选择的压板、螺钉和垫铁规格，按讨论设计好的方案进行装夹操作。

三、任务测评

1．将校准平口钳时的校准情况填入表1—5，并请指导教师作出评价。

表1—5　　平口钳校正情况

校正方法	实际使用工具情况	校正前后精度情况		校正用时情况
用划针校正				
用90°角尺校正				
用百分表校正				
指导教师评价	指导教师：　　年　月　日			

2．根据工件装夹练习情况，填写表1—6，并请指导教师作出评价。

表1—6　　工件装夹练习情况

操作项目	完成情况						存在问题及改进措施
用平口钳装夹工件	优秀		良好		较差		
用压板装夹中大型工件	优秀		良好		较差		
指导教师评价	指导教师：　　年　月　日						

四、课后小结

根据任务的完成情况总结用平口钳和压板装夹工件的操作注意事项。

任务5　铣削方法与铣床“零位”的校正

一、工作任务

通过多媒体及指导教师的操作演示，认识铣削方法；掌握顺铣与逆铣的概念，了解不同铣削方式的特点，学会控制铣削方式。

通过对 X6132 或 X5032 铣床的零位校正，掌握铣床“零位”的校正方法，了解“零位”不准对铣削质量的影响。

二、任务实施

学习环节	学习过程和内容
新课准备	1. 不同的铣刀在切削时所用切削刃的部位有什么不同？ 2. 同一把铣刀在切削时会不会出现分布在不同表面的刀刃同时进行切削的情况？不同表面上的刃切削出的表面质量是否相同？

理论学习

一、铣削方法

1. 不同的铣削方法各有哪些特点？

2. 请对图 1—3 中哪些是圆周铣削，哪些是端面铣削，哪些是混合铣削作出判断。（在对应空格中划“√”）

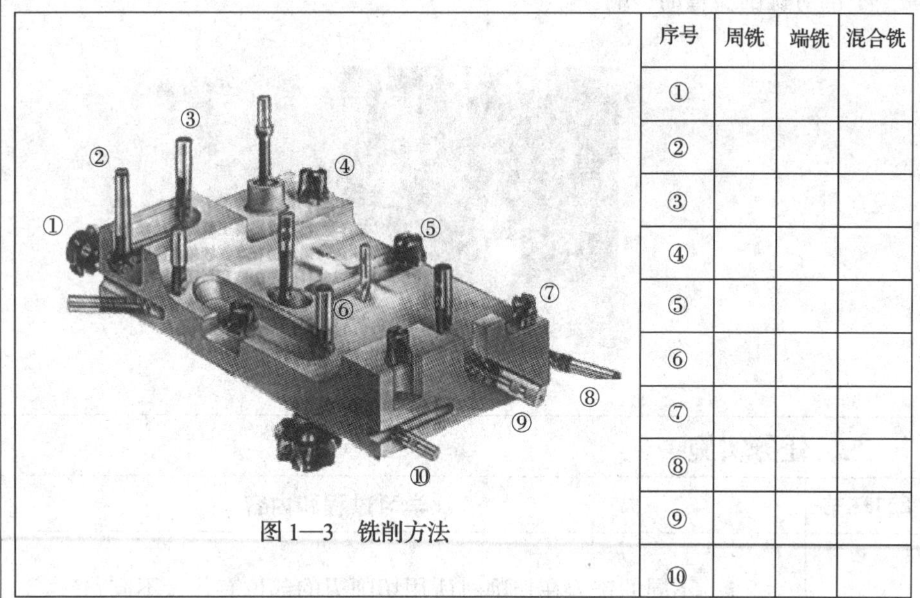

图 1—3　铣削方法

序号	周铣	端铣	混合铣
①			
②			
③			
④			
⑤			
⑥			
⑦			
⑧			
⑨			
⑩			

二、铣削方式

顺铣与逆铣各有什么特点？日常生产中多采用哪种铣削方式？为什么？

三、铣床的“零位”

1. 什么是铣床的“零位”？铣床“零位”不准会对铣削产生什么影响？

2. 立铣头“零位”的校正有哪些方法？

实践操作

一、荒铣练习

通过在石蜡工件上进行周铣、端铣及混合铣三种铣削方法的荒铣练习（不规定尺寸），进一步体会和感受周铣、端铣及混合铣的特点和顺铣与逆铣的特点。

在立铣上继续进行荒铣练习，练习中采用立铣刀周刃对石蜡工件进行铣削。通过铣刀在工件不同部位上不同方向的手动进给操控，观察体会铣刀在工件的不同部位，用不同进给方向进给时，铣削力的方向、切屑厚度、切入切出位置及已加工表面质量等方面情况的变化，学会控制铣削方式。

观察三种不同铣削方法的特点及顺铣和逆铣的不同之处，将观察到的相关情况填写到表1—7和表1—8中。

表1—7　　铣削方法特点对比

对比内容	铣刀受力部位与方向	铣削时的振动	切屑厚度变化	同时参与切削的齿数	a_e与a_p的对比	铣削效率	表面质量
周铣							
端铣							
混合铣削							

表1—8　　周铣时顺铣与逆铣的对比

对比内容	垂直分力的方向	铣削时的振动	切屑厚度变化	表面质量
顺铣				
逆铣				

完成荒铣练习后，分别采用90°角尺与锥度心轴、百分表对X5032或X6132铣床零位进行校正。

二、铣床的“零位”校正

1. X5032型铣床立铣头“零位”校正

准备好与主轴锥孔有相同锥度的锥柄心轴，将其轻轻插入主轴锥孔内。用90°角尺在工作台进给方向的平行和垂直两个方向上对主轴零位进行检测，并根据检测结果对主轴零位进行校正。

再将铣床主轴转速调至最高使主轴转动轻便灵活后，断开主轴电源。将角形表杆固定在立铣头主轴上，安装百分表，旋转主轴对主轴零位进行检测并校准。方法参见教材。

2. X6132型铣床主轴“零位”校正

将铣床主轴转速调至最高使主轴转动轻便灵活后，断开主轴电源。将磁性表座吸在铣床主轴端面上，调整铣床工作台位置，使百分表活动测量杆触头接触与工作台纵向进给已校正平行的垫铁侧面。用手慢慢转动主轴对主轴零位进行检测并校准。

三、任务测评

将对铣床“零位”的校正情况填写在表1—9铣床“零位”校正记录表中。

表1—9　　　　铣床“零位”校正情况

校正方法	使用工具清单	校正前、后精度情况	校正用时情况
用90°角尺校正立铣头			
用百分表校正立铣头			
用百分表校正工作台			
指导教师评价	指导教师：　　　　年　月　日		

四、课后小结

根据顺铣与逆铣的荒铣练习情况及铣床的“零位”校正情况进行小结。

项目二

铣削压板与阶梯垫铁

任务1　切 断 工 件

一、工作任务

在铣床上用锯片铣刀切断条料或板料，不但效率高，而且切口质量好。本任务需要把板料先用锯片铣刀切断成条料，然后再将条料切断成需要的工件。

在铣床上采用锯片铣刀切断工件、下料及铣窄槽，是铣工常见的工作之一。通常工件的切断、下料等工作选择在卧式铣床上进行比较方便。要完成压板的下料，其基本步骤包括以下几方面：

1. 根据板料厚度正确选择铣刀。
2. 确定板料的装夹方式。
3. 进行铣削加工，完成铣削。

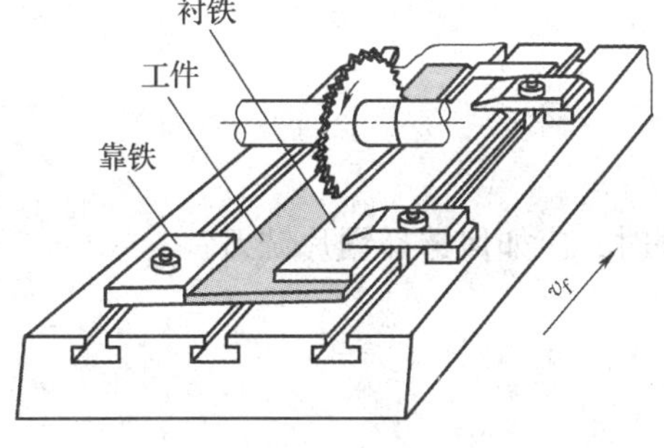

二、任务实施

学习环节	学习过程和内容
新课准备	1. 你知道为什么要对工件进行切断吗？在铣床上切断工件用何种刀具？刀具如何选择？ 2. 切断时采用哪些方法对工件进行装夹？

理论学习	**一、切削液的作用** 1. 为何要施加切削液？ 2. 切削液是如何实现冷却作用的？ **二、常用切削液种类及其选用** 1. 切削油有哪几种？切削钢件和铜件分别用何种切削油？ 2. 粗铣时，可以采用水溶液作为切削液吗？为什么？ **三、切断铣削工艺** 1. 用锯片铣刀切断工件时，应如何选择锯片铣刀？ 2. 切断工件时，工件的装夹有何要求？ 3. 切断工件时如何保证工件尺寸？

实践操作

分组完成如图 2—1 所示长方体的下料工作。

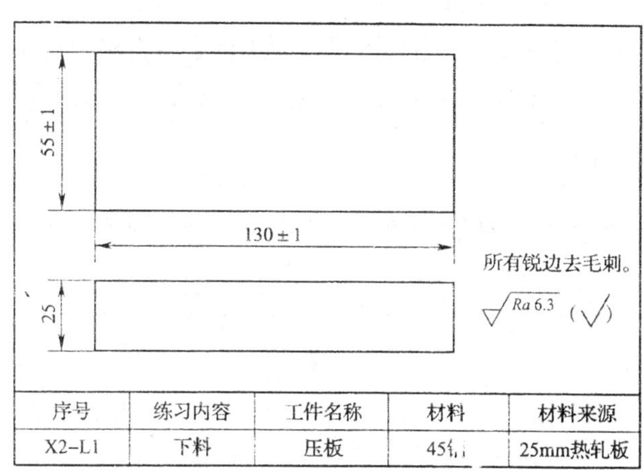

图 2—1　压板坯料零件图

一、选择和安装铣刀，并调整铣刀主轴转速

1. 根据板料尺寸，并参考装夹工件所有夹具情况，选择合适的锯片铣刀（尺寸规格标记为________）。

2. 根据锯片铣刀的规格尺寸选择合适的铣刀刀杆。

3. 同组同学相互配合，将选择好的铣刀刀杆、锯片铣刀等依次安装到铣床上。

4. 根据锯片铣刀的直径、工件的材料等选择适当的主轴转速（n = ________），然后调整主轴转速至所选转速。

注意：安装铣刀和改变主轴转速时要严格按照操作规程进行，以免发生事故。

二、用压板装夹工件，将板料切割成长条形

1. 同组同学相互配合，用锉刀、錾子等去掉板料上的毛刺、氧化皮等，擦拭干净工件、铣床工作台台面，选择适当宽度和厚度的垫铁，旋紧 T 形螺栓，用压板将工件夹紧。

装夹工件时，注意将切缝选择在 T 形槽上方或工作台台面外侧；工件可用划针、90°角尺等校正，亦可用定位压板定位。

2. 移动横向工作台，调整铣刀位置，对刀，移距，将工件切割为宽 55mm 的长条形坯料。

3. 用钢直尺、游标卡尺检验工件是否合格并记录。

注意：操作时要严格按照操作规程进行，以免发生事故。

三、用平口钳装夹，完成下料工作

1. 同组同学相互配合，用棉纱擦净平口钳底座接合面和铣床工作台表面。将平口钳紧固在工作台面上，再稍稍松开底座回转盘与钳体间的紧固螺钉，用百分表对平口钳的固定钳口进行精确校准，使其与横向进给方向平行。

2. 将前面所下长条形坯料放入钳口，调整好位置并夹紧。

实践操作	3. 移动横向工作台，调整铣刀位置，对刀，移距，将工件切割为长 130 mm、宽 55 mm 的长方体。 4. 用钢直尺、游标卡尺检验工件是否合格并记录。 注意：操作时要严格按照操作规程进行，以免发生事故。

三、任务测评

完成任务后先按表 2—1 进行自我测评，再请老师评价审核。

表 2—1　　加工情况测评表

工作内容	工作情况	配分	用时	检验情况	得分
铣刀选择与安装	切长条时，$100 \leqslant D < 160$ 得 10 分（D 为铣刀直径） 切 130 mm 时，$D < 100$ 得 10 分 安装时离主轴端面约 200 mm 且铣刀转向为逆时针得 10 分；铣刀安装在主轴端面与挂架中间酌情扣分；铣刀转向为顺时针不得分	30			
主轴转速调整	$D = 160$ mm 时，$n = 37.5$ r/min 得 10 分，其余转速酌情扣分 $D = 125$ mm 时，$n = 60$ r/min 得 10 分，其余转速酌情扣分	20			
压板装夹工件与加工	压板位置合理、垫铁高度合理、压紧可靠、工件侧面与纵向进给方向平行度在 0.10 mm/200 mm 内，得 10 分，其余酌情扣分	10			
平口钳装夹工件与加工	切削点位置合理，平口钳固定钳口与工作台横向进给方向平行度在 0.02 mm/200 mm 内、工件位置合理、切削点位置合理，得 10 分，其余酌情扣分	10			
工件尺寸	55mm 尺寸合格且平行度在 0.10 mm/200 mm 内，得 10 分 130 mm 尺寸合格且平行度在 0.02 mm/200 mm 内，得 10 分	20			
安全文明生产	严格遵守安全文明生产的规定得 10 分，如有违反酌情扣分；若出现设备、生产事故，可加倍扣分，成绩判为不及格	10			
指导教师评价	指导教师：　　　　　　　　　　年　月　日				

四、课后小结

根据压板下料工作的实际完成情况进行小结

任务 2　铣削基准平面

一、工作任务

平面铣削是铣工进一步掌握其他复杂表面铣削的基础，既可以在卧式铣床上进行，也可以在立式铣床上进行。铣削的平面质量的好坏，主要从它的平整程度和表面的粗糙度两个方面来衡量，即分别用平面度和表面粗糙度来考核。

当铣削余量较大或表面粗糙度值要求高时，可分粗铣和精铣两步完成。粗铣的主要目的是去除加工余量，若条件允许可一次完成，只保留 0.5~1 mm 的精铣余量；精铣是为了保证工件最后的尺寸精度和表面粗糙度。

平面的基本加工步骤如下：

1. 根据坯料确定粗基准及装夹方式。
2. 选择铣刀，计算铣削用量。
3. 铣削加工平面，保证平面的平面度和表面粗糙度要求。

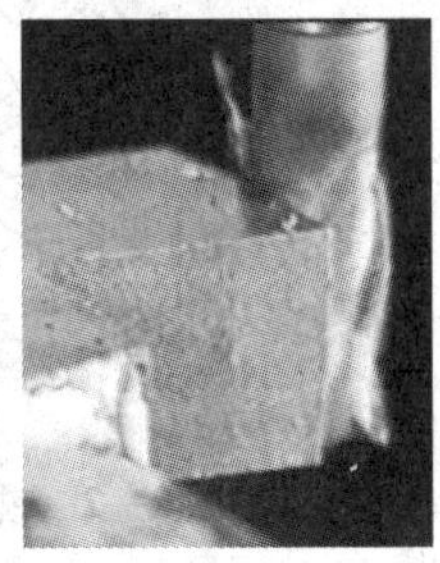

二、任务实施

学习环节	学习过程和内容
新课准备	你知道加工平面的技术要求吗？在铣床上可以用何种刀具加工平面？刀具应如何选择？

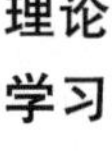
理论学习

一、铣削用量及相关计算

1. 什么是铣削用量？常用铣削用量包括哪几种？切断时需要计算哪几个铣削用量？

2. 铣削时影响铣削速度的因素有哪些？

3. 标出图2—2中的相应铣削用量。

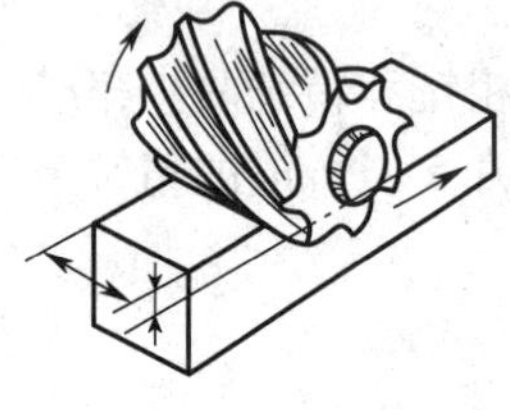

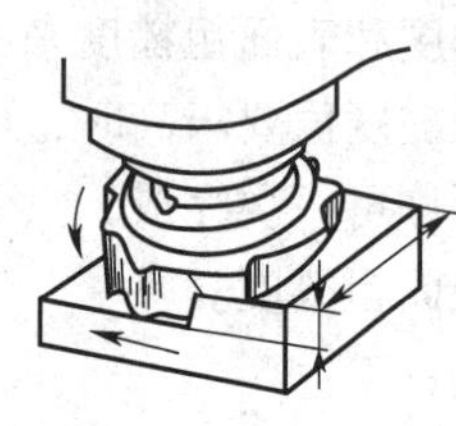

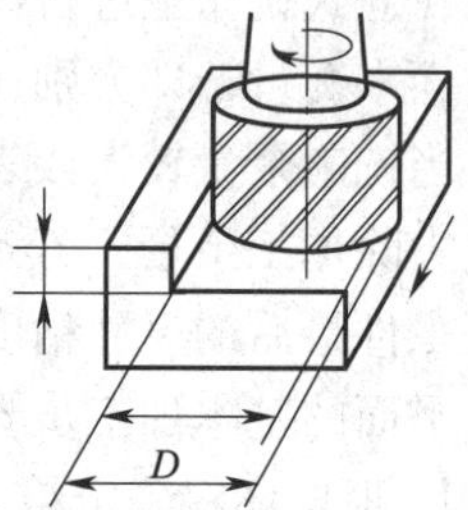

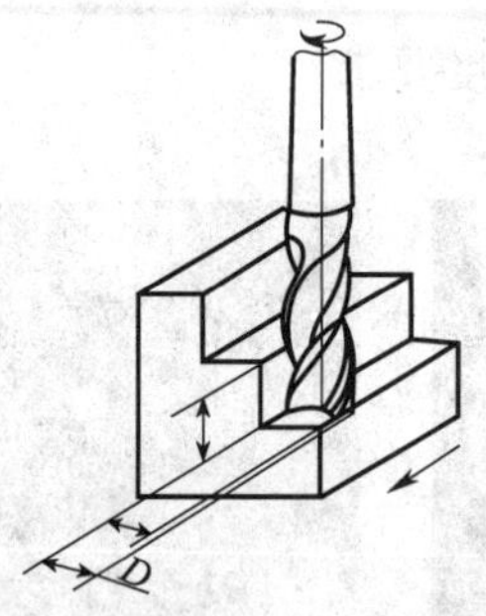

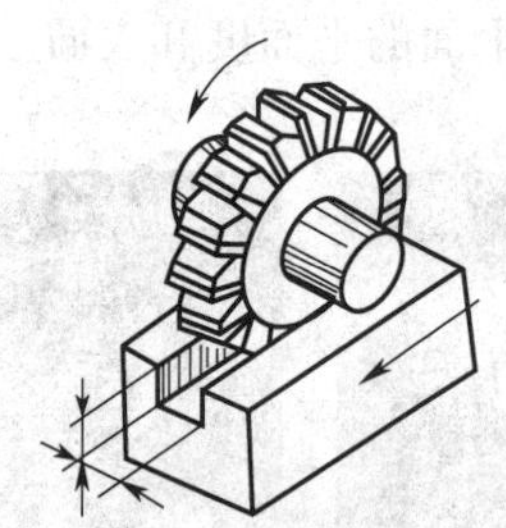

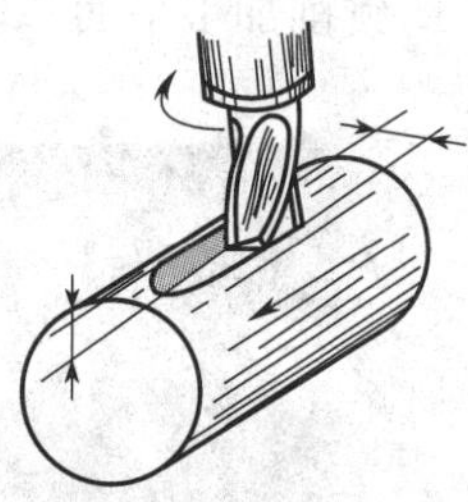

图2—2　铣削用量

二、铣削用量的选择原则

1. 何谓合理的铣削用量？选择铣削用量的原则是什么？

<table>
<tr>
<td>理论
学习</td>
<td>

2. 在铣削用量中，何种铣削用量对铣刀使用寿命（铣刀耐用度）影响最大？为什么？

三、平面的铣削方法

1. 周铣时，可一次铣削比较深的切削层余量（a_e），所以平面铣削一般采用周铣。这种说法对吗？为什么？

2. 平面铣削时，只要保证平面度和表面粗糙度，就可以任意选择粗基准。这种说法对吗？为什么？

</td>
</tr>
<tr>
<td>实践
操作</td>
<td>

分组完成如图 2—3 所示基准面 *A*（1 面）的铣削。

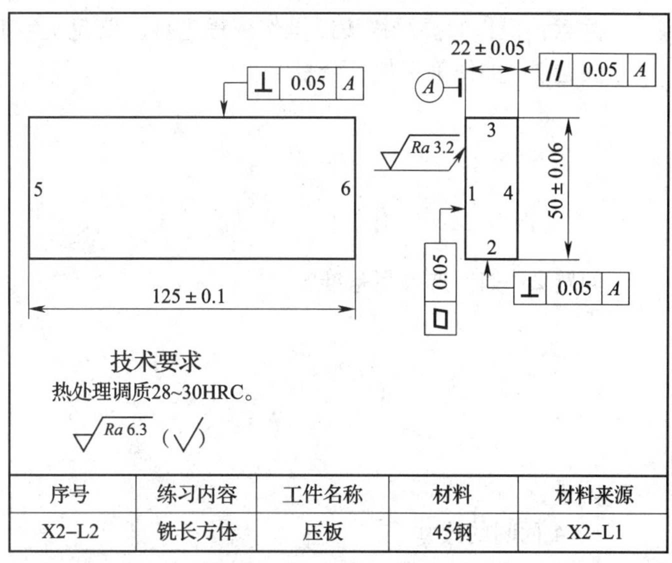

序号	练习内容	工件名称	材料	材料来源
X2–L2	铣长方体	压板	45钢	X2–L1

图 2—3　基准面 *A*

</td>
</tr>
</table>

实践操作	**一、选择和安装铣刀，并调整铣刀主轴转速、工作台进给量** 1. 同组同学相互配合，根据毛坯尺寸，选择合适规格的端铣刀刀盘。由于所加工的基准面 *A*（1 面）的毛坯尺寸为 130 mm × 55 mm，选择端铣刀刀盘直径为 100 mm。根据硬质合金铣刀切削普通钢件的切削速度要求，将主轴转速选择为 300 r/min。根据端铣刀刀头数量，结合每齿进给量和主轴转速，将工作台进给量选择为 95 mm/min（2 把刀头）。 2. 同组同学相互配合，将选择好的铣刀刀盘、端铣刀刀头等依次安装到铣床上，并调整主轴转速至所选转速，进给量调至所选数值。 注意：安装铣刀和改变主轴转速时要严格按照操作规程进行，以免发生事故。 **二、检查工件毛坯，确定铣削深度** 同组同学相互配合，根据毛坯尺寸 130 mm × 55 mm × 25 mm，工件完工尺寸 125 mm × 50 mm × 22 mm，确定加工基准面 *A*（1 面）时的加工余量（问题 1）为 1 ~ 1.5 mm，即铣削深度 a_p 为 1 mm。 **三、用平口钳装夹，完成平面 1 的铣削工作** 1. 同组同学相互配合，用棉纱擦净平口钳底座接合面和铣床工作台表面。将平口钳紧固在工作台台面上。 2. 将长条形坯料的 2 或 3 面（问题 2）靠向固定钳口，放入钳口调整好位置，轻紧工件后，用划针盘校正毛坯待加工的上平面 1，使上平面与划针尖间的缝隙各处基本保持一致后，夹紧工件。 3. 移动工作台，调整铣刀位置，对刀，移距，自动进给铣削平面 1。 4. 停车后，观察加工表面粗糙度，并用刀口尺检验工件平面度，合格后卸下工件，用锉刀去除毛刺。用游标卡尺检查 1、4 面间的尺寸并记录。 注意：操作时要严格按照操作规程进行，以免发生事故。 问题 1：如何确定加工余量？ 问题 2：如何选择粗基准？ 记录： 1、4 面间的尺寸 最大尺寸：　　　　最小尺寸：

三、任务测评

完成任务后先按表 2—2 进行自我测评，再请老师评价审核。

表 2—2　　　　加工情况测评表

工作内容	工作情况	配分	用时	检验情况	得分
铣刀选择与安装	根据实际条件选用端铣刀盘，采用两把刀头铣削得 10 分，单刀头铣削得 5 分 刀盘、刀头安装合理，得 10 分，其余酌情扣分	20			
主轴转速、进给量调整	$D=100$ mm 时，$n=300$ r/min 得 10 分，其余转速酌情扣分 使用两把刀头时，$v_f=95$ mm/min 得 10 分，其余速度酌情扣分	20			
平口钳安装	安装合理，得 10 分，其余酌情扣分	10			
基准选择与工件装夹	基准选择合理，得 10 分，其余酌情扣分 工件装夹合理，得 10 分，其余酌情扣分	20			
平面铣削质量	平面度在 0.05 mm 内，得 10 分，超差酌情扣分 表面粗糙度≤Ra3.2 μm，得 10 分，超差酌情扣分	20			
安全文明生产	严格遵守安全文明生产的规定得 10 分，如有违反酌情扣分；若出现设备、生产事故，可加倍扣分，成绩判为不及格	10			
指导教师评价	指导教师：　　　　　　　　年　月　日				

四、课后小结

根据基准平面 A 的加工完成情况进行小结。

任务3　铣削长方体零件

一、工作任务

铣长方体零件是铣工经常要完成的工作，其中，平行面和垂直面的铣削是完成的主要工作。

平行面和垂直面铣削除了像平面铣削那样需要保证其平面度和表面粗糙度的要求外，还需要保证相对其基准面位置精度（平行度和垂直度）的要求。同时，平行面的铣削要保证零件尺寸要求，垂直面的铣削要控制铣削余量等内容。

本任务的工艺过程大致如下：

1. 铣削垂直面。
2. 铣削平行面。
3. 铣削两端面。

二、任务实施

学习环节	学习过程和内容
新课准备	画图表示矩形零件的六个表面的加工顺序。

理论学习	**一、垂直面的铣削方法** 1. 为什么要校正固定钳口与工作台台面的垂直度？如何校正？ 2. 平口钳装夹工件铣削时，应使切削力指向哪个钳口？为什么？ 3. 平口钳装夹工件铣削时，如何保证基准面与固定钳口可靠贴合？ **二、平行面的铣削方法** 1. 为什么要校正固定钳口与工作台台面的平行度？如何校正？ 2. 用平口钳装夹，工件上所加工平行面之间的尺寸小于平口钳钳口高度时，应如何装夹？ **三、端铣垂直面和平行面的方法** 1. 采用端铣刀铣削垂直面和平行面，有什么特点？ 2. 用端铣的方法铣削较大工件的垂直面和平行面时，常采用哪些方法？

实践操作

分组完成如图 2—4 所示长方体的铣削。

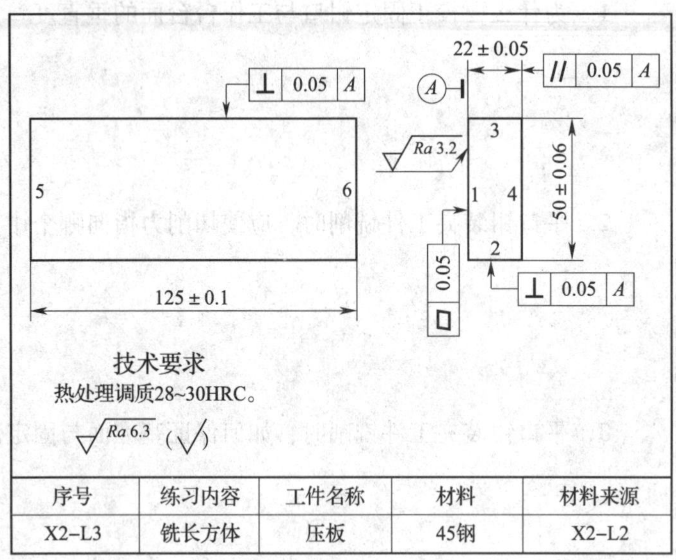

序号	练习内容	工件名称	材料	材料来源
X2–L3	铣长方体	压板	45钢	X2–L2

图 2—4　长方体零件图

一、选择和安装铣刀，并调整主轴转速、工作台进给量

由于本任务工件为上一任务所加工的工件，所以继续选用上一任务的主轴转速和进给量，即：主轴转速选择为 300 r/min，工作台进给量选择为 95 mm/min。

同组同学相互配合，将选择好的铣刀刀盘、端铣刀刀头等依次安装到铣床上，并调整主轴转速至所选转速，进给量调至所选数值。

注意：安装铣刀和改变主轴转速时要严格按照操作规程进行，以免发生事故。

二、检查工件毛坯，确定铣削深度

同组同学相互配合，对照工件完工尺寸 125 mm × 50 mm × 22 mm 确定工件加工余量，并填入表 2—3。

表 2—3　　毛坯余量情况表　　mm

毛坯尺寸	完工尺寸	总余量	铣削深度 1	铣削深度 2
	50			
	22			
	125			

三、用平口钳装夹，完成各平面的铣削工作

1. 同组同学相互配合，用棉纱擦净平口钳底座接合面和铣床工作台表面。将平口钳紧固在工作台台面上。

2. 将工件基准面 A 靠向固定钳口，放入钳口调整好位置，并在工件与活动钳口之间位于活动钳口一侧中心的位置上加一根圆棒，轻紧工件后，用划针盘校正毛坯待加工的上平面 2，使上平面与划针尖间的缝隙各处基本保持一致后，夹紧工件。

实践操作	3. 将工件调整到铣刀下方，慢慢上升工作台，当铣刀的端面刃与工件表面轻轻相切后，退出工件。然后根据剩余余量情况上升工作台，按选定的主轴转速和进给量自动进给铣削平面2。 4. 停车后，观察加工表面粗糙度，并用刀口尺检验工件平面度，合格后卸下工件，用锉刀去除毛刺。然后用90°角尺检查垂直度（问题1），用游标卡尺检查剩余余量情况。若各项技术要求合格，进行下一步工作。 5. 仍将基准面 *A* 靠向固定钳口，在平口钳钳体导轨面和工件 2 面之间，垫一尺寸合适的垫铁（问题2），夹紧工件，用铜棒将工件轻轻敲实，直至用手不能晃动垫铁为合适。 6. 移动工作台，调整铣刀位置，对刀，根据剩余余量上升工作台，自动进给铣削平面3。 7. 停车后，观察加工表面粗糙度，并用刀口尺检验工件平面度，合格后卸下工件，用锉刀去除毛刺。然后用游标卡尺检查（50 ±0.06）mm 尺寸是否合格。若尺寸过大，可根据剩余余量，继续加工至尺寸合格，再进行下一步工作。 8. 以铣好的平面 2 作次要基准贴向固定钳口，基准面 *A* 作为主基准，朝下并在其与平口钳钳体导轨面之间垫两块高度相等的平行垫铁，夹紧工件，用铜棒将工件轻轻敲实，直至用手不能晃动垫铁为合适。 9. 移动工作台，调整铣刀位置，对刀，根据剩余余量上升工作台，自动进给铣削平面4。 10. 停车后，观察加工表面粗糙度，并用刀口尺检验工件平面度，合格后卸下工件，用锉刀去除毛刺。然后用游标卡尺检查（22 ±0.05）mm 尺寸是否合格。若尺寸过大，可根据剩余余量，继续加工至尺寸合格，再进行下一步工作。 11. 将工件基准面 *A* 靠向固定钳口，并用 90°角尺校正工件的侧面与平口钳钳体导轨面垂直，夹紧工件。 12. 移动工作台，调整铣刀位置，对刀，根据余量上升工作台，自动进给铣削平面5。 13. 停车后，观察加工表面粗糙度，并用刀口尺检验工件平面度，合格后卸下工件，用锉刀去除毛刺。然后用90°角尺检查垂直度，用游标卡尺检查剩余余量情况。若各项技术要求合格，进行下一步工作。 14. 仍将工件基准面 *A* 靠向固定钳口，用 90°角尺校正工件的侧面与平口钳钳体导轨面垂直，夹紧工件，并用铜棒将工件轻轻敲实。 15. 移动工作台，调整铣刀位置，对刀，根据剩余余量上升工作台，自动进给铣削平面6。 16. 停车后，观察加工表面粗糙度，并用刀口尺检验工件平面度，合格后卸下工件，用锉刀去除毛刺。然后用游标卡尺检查（125 ±0.10）mm 尺寸是否合格。若尺寸过大，可根据剩余余量，继续加工至尺寸合格。 用锉刀仔细去除毛刺后，综合检验各项技术要求，并将检验情况填入表2—4。

实践操作	注意：操作时要严格按照操作规程进行，以免发生事故。 问题1：如何检查垂直度？ 问题2：如何选择尺寸合适的垫铁？

三、任务测评

完成任务后先按表2—4进行自我测评，再请老师评价审核。

表2—4　　加工情况测评表

工作内容	工作情况	配分	用时	检验情况	得分
铣刀选择与安装	根据实际条件选用端铣刀盘，采用两把刀头铣削得5分，单刀头铣削得3分 刀盘、刀头安装合理，得5分，其余酌情扣分	10			
主轴转速、工作台进给量调整	$D=100$ mm时，$n=300$ r/min得5分，其余转速酌情扣分 使用两把刀头时，$v_f=95$ mm/min得5分，其余速度酌情扣分	10			
工件装夹与加工	工件装夹合理，得5分，其余酌情扣分 按正确的加工顺序加工，得5分，其余酌情扣分	10			
工件尺寸	(22±0.05) mm合格，得10分，超差酌情扣分 (50±0.06) mm合格，得10分，超差酌情扣分 (125±0.1) mm合格，得10分，超差酌情扣分	30			
工件形位公差	两垂直度公差0.05 mm合格，各得5分，超差酌情扣分 平行度公差0.05 mm合格，得5分，超差酌情扣分	15			
平面质量	各平面平面度在0.05 mm内，得10分，超差酌情扣分 各表面表面粗糙度≤$Ra6.3$ μm，得10分，超差酌情扣分	20			
安全文明生产	严格遵守安全文明生产的规定得5分，如有违反酌情扣分；若出现设备、生产事故，可加倍扣分，成绩判为不及格	5			
指导教师评价	指导教师：　　　　　　　　　　年　月　日				

四、课后小结

根据长方体零件的实际加工情况进行小结。

任务 4　铣削压板上的斜面

一、工作任务

铣斜面也是铣工经常要完成的工作之一。倾斜工件或铣刀进行铣削是完成的主要工作。本任务的工艺过程如下：

1. 按图划线。
2. 按划线装夹，倾斜工件铣三处 15°的斜面。
3. 按工件基准面装夹，倾斜主轴铣 2 × C10 mm 的斜面。

二、任务实施

学习环节	学习过程和内容
新课准备	1. 在铣床上铣斜面的方法有哪三类？ 2. 在卧铣床上可用何种方法铣斜面？在立铣床上又如何？

新课准备	3．立铣床上用立铣头扳角度倾斜铣刀的方法铣斜面，有什么口诀？其含义是什么？
理论学习	**一、斜面的表达方式** 1．斜面是指与________________成倾斜状态的平面。在零件图上表示斜面的方法有两种：若倾斜程度较小，常用________________来表示；若倾斜程度较大，则用________________表示。 2．试说明符号∠1∶60所表示的含义。 **二、斜面的铣削方法** 1．按划线倾斜工件铣斜面的铣削精度如何？ 2．在立铣上，用端铣刀按划线铣削斜面时，需要校正平口钳吗？为什么？ 3．倾斜铣刀轴线铣斜面，需要校正平口钳吗？为什么？ 4．角度铣刀适合加工何种类型的斜面？

实践操作

分组完成如图 2—5 所示压板斜面的铣削工作。

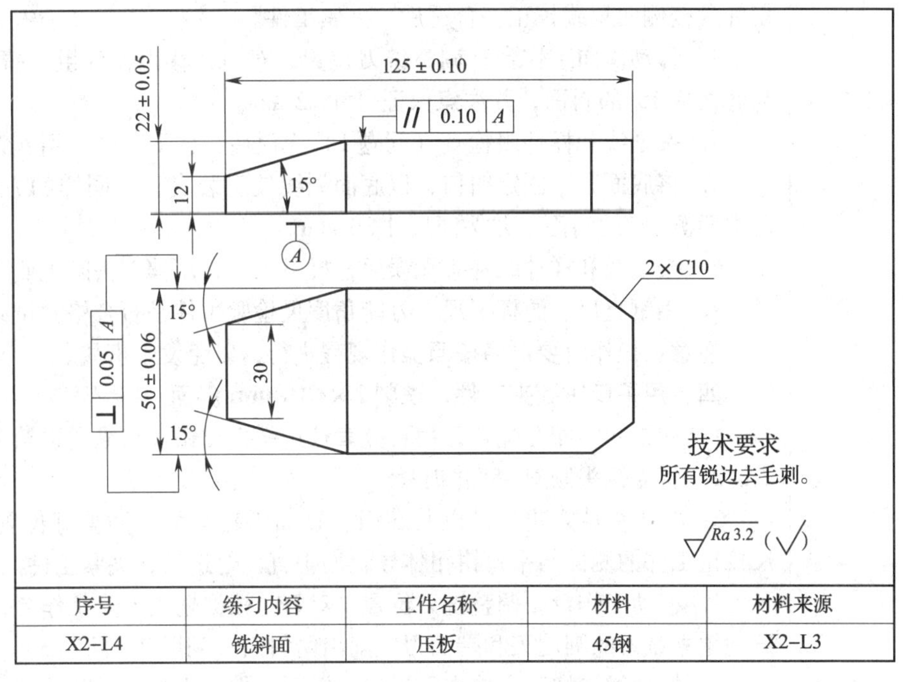

序号	练习内容	工件名称	材料	材料来源
X2–L4	铣斜面	压板	45钢	X2–L3

图 2—5　压板半成品零件图

由于本任务加工工件上斜面较多，为了更好地练习铣斜面，铣削时，采用端铣刀倾斜工件铣削三处 15°斜面，采用立铣刀倾斜主轴铣 2 × C10 mm 斜面。

一、对照图样划线、打样冲眼

同组同学相互配合，在划线平板上，用钢直尺、划针，对照图样进行划线，并用样冲按线打好样冲眼。

注意：划线时，要认真细致、划准确。打样冲眼时，用力要适中，样冲眼既不要过深，也不要过浅。

二、选择和安装铣刀，并调整铣刀主轴转速、工作台进给量

端铣斜面时继续选用上一任务的主轴转速和进给量，即：主轴转速选择 300 r/min，工作台进给量选择 95 mm/min。

立铣刀圆周铣斜面时，选用 ϕ22 mm 的锥柄立铣刀，主轴转速选择为 300 r/min，进给量选择为 95 mm/min。

同组同学相互配合，将选好的铣刀刀盘、端铣刀刀头或立铣刀等依次安装到铣床上，并调整主轴转速至所选转速，进给量调至所选数值。

注意：安装铣刀和改变主轴转速时要严格按照操作规程进行，以免发生事故。

三、用平口钳装夹工件，铣削三处 15°斜面

1. 同组同学相互配合，用棉纱擦净平口钳底座接合面和铣床工作台表面。将平口钳紧固在工作台台面上。

实践 操作	2. 将工件放入钳口，以其两侧面为夹紧面，调整好位置并轻轻夹紧，用划针盘按侧面划线校正，合适后，夹紧工件。 3. 移动横向工作台，调整铣刀位置，对刀，移距，分粗、精铣铣出前端与底面成15°的斜面，并注意保证尺寸12 mm。 4. 按划线和样冲眼检查（问题1）无误后，拆下工件，用锉刀去除毛刺。 5. 将底面紧贴固定钳口，以底面划线校正装夹，以同样的方法分别铣出前端两侧15°的斜面，并保证尺寸30 mm。 6. 按划线和样冲眼检查无误后，拆下工件，用锉刀去除毛刺。 7. 用钢直尺、游标卡尺、万能角度尺检验工件是否合格并记录。 注意：操作时要严格按照操作规程进行，以免发生事故。 **四、用平口钳装夹工件，铣削2×*C*10 mm斜面** 1. 同组同学相互配合，用百分表校正平口钳钳口与纵向进给方向平行。 2. 将立铣头倾斜45°并锁紧。 3. 将工件放入钳口，以其底面和顶面为夹紧面，调整好位置，用90°角尺校正工件的侧面与平口钳钳体导轨面垂直，合适后，夹紧工件。 4. 移动工作台，调整铣刀位置，对刀，根据划线上升工作台，自动进给，分别用立铣刀的圆周刃和端面刃铣削出两斜面（问题2、问题3）。 5. 按划线和样冲眼检查无误后，拆下工件，用锉刀去除毛刺。 6. 用钢直尺、游标卡尺、万能角度尺检验工件是否合格并记录。 注意：操作时要严格按照操作规程进行，以免发生事故。 问题1：为什么要按划线和样冲眼检查斜面？ 问题2：为什么可以用立铣刀的圆周刃和端面刃分别铣削两斜面？ 问题3：铣削时，切削力应指向哪个钳口？为什么？

三、任务测评

完成任务后先按表 2—5 进行自我测评，再请老师评价审核。

表 2—5 **加工情况测评表**

工作内容	工作情况	配分	用时	检验情况	得分
铣刀选择与安装	刀盘、刀头安装合理，得 5 分，其余酌情扣分 立铣刀安装合理，得 5 分，其余酌情扣分	10			
主轴转速、工作台进给量调整	端铣刀 $D=100$ mm 时，$n=300$ r/min，$v_f=95$ mm/min，得 5 分，其余转速、进给量酌情扣分 立铣刀 $D=22$ mm 时，$n=300$ r/min，$v_f=95$ mm/min，得 5 分，其余转速、进给量酌情扣分	10			
工件划线	工件划线合理、清晰、准确，得 10 分，其余酌情扣分	10			
平口钳安装校正	平口钳安装合理、固定钳口与工作台纵向进给方向平行度在 0. 02 mm/200 mm 内，得 10 分，其余酌情扣分	10			
平口钳装夹工件与加工	工件装夹合理，得 5 分，其余酌情扣分 按正确的加工顺序加工，得 10 分，其余酌情扣分	15			
工件尺寸	三处 15°合格，得 5 分，超差酌情扣分 两处 $C10$ mm 斜角合格，得 5 分，超差酌情扣分 12 mm 尺寸合格，得 5 分，超差酌情扣分 30 mm 尺寸合格，得 5 分，超差酌情扣分	20			
工件表面质量	各平面平面度在 0. 05 mm 内，得 10 分，超差酌情扣分 各表面表面粗糙度 $\leqslant Ra3.2$ μm，得 10 分，超差酌情扣分	20			
安全文明生产	严格遵守安全文明生产的规定，得 5 分，如有违反酌情扣分；若出现设备、生产事故，可加倍扣分，成绩判为不及格	5			
指导教师评价	指导教师：　　　　　　年　月　日				

四、课后小结

结合任务实施情况，总结斜面铣削的工艺方法和加工步骤。

任务5　铣削压板上的直角沟槽

一、工作任务

铣直角沟槽零件是铣工经常要完成的工作，是沟槽类加工中最为常见的工作形式。本任务所要完成的直角沟槽的加工工艺步骤是：

1．分析、选择适当的铣削方案。

2．用立铣刀铣削 80 mm×5 mm 的直角通槽。

3．用立铣刀铣削 56 mm×16 mm 的封闭槽。

二、任务实施

学习环节	学习过程和内容
新课准备	直角沟槽一般采用何种铣刀进行铣削？
理论学习	**一、直角沟槽的种类** 请区分图 2—6 中各直角沟槽的种类，并将沟槽名称填入图 2—6。

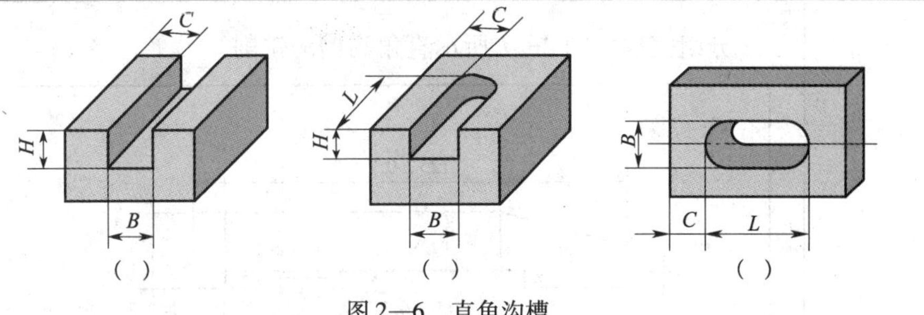

图2—6　直角沟槽

理论学习	**二、用来铣削直角沟槽的铣刀** 1．三面刃铣刀有哪两种类型？各有何特点？ 2．合成铣刀有何特点？ 3．盘形槽铣刀有何特点？ **三、铣削直角沟槽的方法** 1．用三面刃铣刀铣削直角通槽时，应如何选择尺寸？ 2．用立铣刀铣削直角沟槽，沟槽深度较深，应如何加工？为什么？ 3．铣削宽度较大的直角沟槽时，一般采用扩刀法加工。扩刀时，为了节省时间，无需考虑顺、逆铣，这种说法对吗？为什么？ 4．直角沟槽的尺寸检测，一般采用何种量具？

分组完成如图 2—7 所示直角沟槽的铣削。

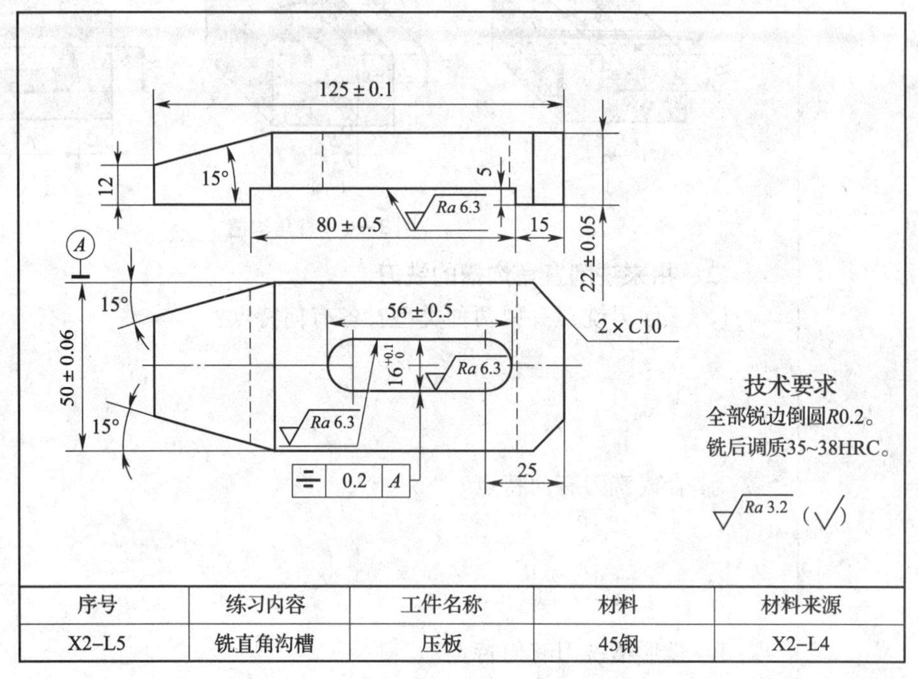

序号	练习内容	工件名称	材料	材料来源
X2–L5	铣直角沟槽	压板	45钢	X2–L4

图 2—7　压板零件图

实践操作

由于本任务工件上有两处不同类型的直角沟槽，因此，80 mm × 5 mm 直角通槽采用 ϕ30 mm 立铣刀铣削；56 mm × 16 mm 封闭槽采用 ϕ12 mm 左右钻头钻落刀孔，用 ϕ16 mm 立铣刀扩刀的方法铣削。

一、对照图样划线、打样冲眼

同组同学相互配合，在划线平板上，用钢直尺、划针，对照图样进行划线，并用样冲按线打好样冲眼。

注意：划线时，要认真细致、划准确。打样冲眼时，用力要适中，样冲眼既不要过深，也不要过浅。

二、选择和安装立铣刀，并调整铣刀主轴转速、工作台进给量

ϕ30 mm 的锥柄立铣刀，主轴转速选择为 235 r/min，进给量选择为 75 mm/min。

ϕ12 mm 的锥柄麻花钻头，主轴转速选择为 475 r/min，手动进给。

ϕ16 mm 的锥柄立铣刀，主轴转速选择为 475 r/min，手动进给。

同组同学相互配合，将选择好的立铣刀、麻花钻头等依次安装到铣床上，并调整主轴转速至所选转速，进给量调至所选数值。

注意：安装铣刀和改变主轴转速时要严格按照操作规程进行，以免发生事故。

三、用平口钳装夹工件，铣削 80 mm × 5 mm 直角通槽

1. 用棉纱擦净平口钳底座接合面和铣床工作台表面。将平口钳紧固在工作台台面上。并用百分表校正平口钳钳口与纵向进给方向平行。

实践操作	2. 将工件放入钳口，以其两侧面为夹紧面，基准面 *A* 靠向固定钳口，顶面为辅助基准，调整好位置并夹紧工件。 3. 移动工作台，调整铣刀位置，对刀，移距（问题 1），分三或四次走刀完成 80 mm×5 mm 直角通槽的铣削，并注意保证槽宽（80±0.5）mm、槽深 5 mm、定位尺寸 15 mm 等尺寸。 4. 检查无误后，拆下工件，用锉刀去除毛刺。 5. 用游标卡尺、游标深度尺检验工件尺寸是否合格并记录。 注意：操作时要严格按照操作规程进行，以免发生事故。 **四、用平口钳装夹工件，铣削 56 mm×16 mm 封闭槽** 1. 换上 ϕ12～14 mm 的锥柄麻花钻头。 2. 再次将工件放入钳口，以其两侧面为夹紧面，基准面 *A* 靠向固定钳口，底面为辅助基准，调整好位置并夹紧工件。 3. 移动工作台，调整麻花钻头位置，对刀（问题 2），钻落刀孔，下降升降台，换上 ϕ16 mm 的锥柄立铣刀，扩刀完成 56 mm×16 mm 封闭槽的铣削，并注意保证槽宽 $16^{+0.1}_{0}$ mm、槽长（56±0.5）mm、定位尺寸 25 mm 等。 4. 检查无误后，拆下工件，用锉刀去除毛刺。 5. 用游标卡尺检验工件尺寸是否合格并记录。 注意：操作时要严格按照操作规程进行，以免发生事故。 问题 1：计算移动距离。 问题 2：试说明麻花钻头如何对刀？

三、任务测评

完成任务后先按表 2—6 进行自我测评，再请老师评价审核。

表 2—6　　　　加工情况测评表

工作内容	工作情况	配分	用时	检验情况	得分
铣刀选择与安装	立铣刀安装合理，得 3 分，其余酌情扣分 麻花钻头安装合理，得 3 分，其余酌情扣分	6			
主轴转速、工作台进给量调整	立铣刀 D=30 mm 时，n=235 r/min，v_f=75 mm/min，得 3 分，其余转速、进给量酌情扣分 立铣刀 D=16 mm 时，n=475 r/min，得 3 分，其余转速酌情扣分 麻花钻头 D=12 mm 时，n=475 r/min，得 3 分，其余转速酌情扣分	9			

续表

工作内容	工作情况	配分	用时	检验情况	得分
校正平口钳	平口钳固定钳口与工作台纵向进给方向平行度在 0.02 mm/200 mm 内，得5分，超差酌情扣分	5			
工件划线	工件划线合理、清晰、准确，得10分，其余酌情扣分	10			
工件装夹与加工	工件装夹合理，得5分，其余酌情扣分 按正确的加工顺序加工，得5分，其余酌情扣分	10			
工件尺寸	直角通槽：槽宽（80 ±0.5）mm、槽深5 mm、定位尺寸15 mm均合格，得15分，超差酌情扣分 封闭槽：槽宽 $16^{+0.10}_{0}$ mm、槽长（56 ±0.5）mm、定位尺寸25 mm均合格，得15分，超差酌情扣分	30			
工件形位公差	封闭槽对称度公差0.2 mm合格，得5分，超差酌情扣分	5			
工件表面质量	三处表面表面粗糙度≤Ra6.3 μm，得9分，超差酌情扣分 两处表面表面粗糙度≤Ra3.2 μm，得6分，超差酌情扣分	15			
安全文明生产	严格遵守安全文明生产的规定，得10分，如有违反酌情扣分；若出现设备、生产事故，可加倍扣分，成绩判为不及格	10			
指导教师评价	指导教师：　　　　　　　　　　年　月　日				

四、课后小结

结合任务实施情况，对铣削直角沟槽的加工步骤和操作要领进行小结。

任务6　铣削阶梯垫铁

一、工作任务

铣台阶零件的工作量仅次于铣平面和铣沟槽。台阶的铣削实质上是同时完成两个连接表面的加工工作。台阶在工作中出现的形式有很多种，如单台阶、双肩台阶以及本任务中的多级台阶等。

本任务的工艺步骤是：

1. 按图样要求，在立式铣床上用端铣刀铣坯料外形至要求尺寸。
2. 安装与校正工件，合理选择三面刃铣刀和切削用量。
3. 对刀、调整，用三面刃铣刀逐级铣出台阶面。
4. 进行检测。

二、任务实施

学习环节	学习过程和内容
新课准备	你知道加工台阶的技术要求吗？在铣床上常用何种刀具加工台阶？
理论学习	**铣削台阶常用的方法** 1. 三面刃铣刀加工台阶时有何特点？ 2. 立铣刀加工台阶时有何特点？

理论学习

3．端铣刀加工台阶时有何特点？

4．现加工一双肩等高台阶，为了提高效率，采用两把三面刃铣刀组合铣削，这种方法对吗？为什么？

实践操作

分组完成如图 2—8 所示阶梯垫铁的铣削。

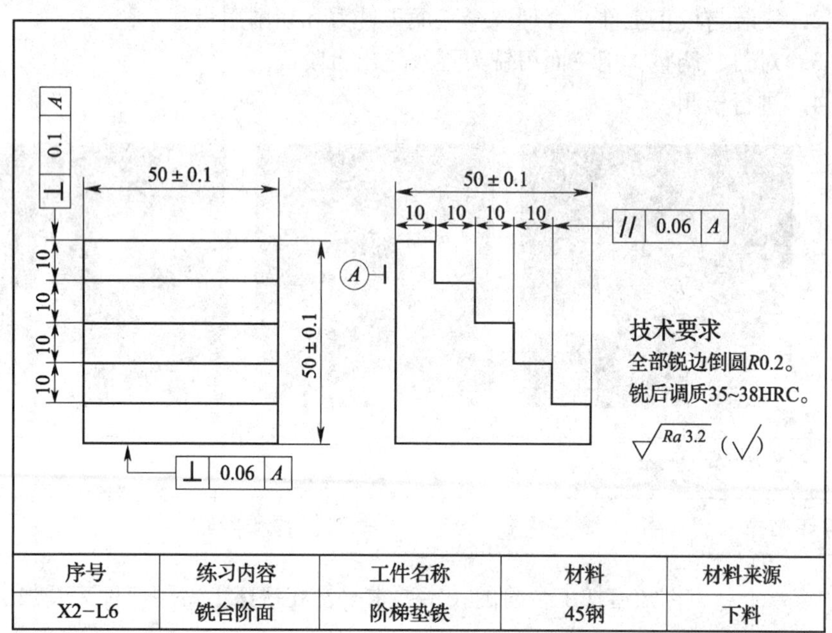

序号	练习内容	工件名称	材料	材料来源
X2-L6	铣台阶面	阶梯垫铁	45钢	下料

图 2—8　阶梯垫铁零件图

本任务需要先加工 50 mm × 50 mm × 50 mm 的工件毛坯，然后在此基础上加工多级台阶。铣毛坯时，可采用端铣刀进行加工。铣台阶时，根据台阶类型，选用 ϕ36 mm 的锥柄立铣刀进行铣削。

一、在立铣床上用端铣刀铣削垫铁坯料

端铣工件毛坯时继续选用任务 1 的主轴转速和进给量，即：主轴转速选为 300 r/min，工作台进给量选为 95 mm/min。

1．同组同学相互配合，将选择好的铣刀刀盘、端铣刀刀头等依次安装到铣床上，并调整主轴转速至所选转速，进给量调至所选数值。

注意：安装铣刀和改变主轴转速时要严格按照操作规程进行，以免发生事故。

2．对照工件完工尺寸 50 mm × 50 mm × 50 mm 确定工件加工余量，并填入表 2—7。

表 2—7　毛坯余量情况表　mm

毛坯尺寸	完工尺寸	总余量	铣削深度 1	铣削深度 2
	50			
	50			
	50			

实践操作

3．用棉纱擦净平口钳底座接合面和铣床工作台表面。将平口钳紧固在工作台台面上。

4．选择工件上一较平整的表面作为粗基准，靠向固定钳口，放入钳口调整好位置，加工出基准面 *A*。停车后，观察加工表面粗糙度，并用刀口尺检验工件平面度，合格后，卸下工件，用锉刀去除毛刺。

5．将工件基准面 *A* 靠向固定钳口，放入钳口调整好位置，加工各垂直面、平行面。每次加工停车后，观察加工表面粗糙度，并用刀口尺检验工件平面度，合格后卸下工件，用锉刀去除毛刺。然后用 90°角尺检查垂直度，用游标卡尺检查尺寸情况（问题 1）。若各项技术要求合格，方可进行下一步工作。

6．各表面加工完成后，用锉刀仔细去除毛刺，综合检验各项技术指标。

注意：操作时要严格按照操作规程进行，以免发生事故。

二、铣削台阶面

铣削台阶面时选用 ϕ36 mm 的锥柄立铣刀，主轴转速选为 190 r/min，进给量选为 60 mm/min。具体步骤如下：

1．同组同学相互配合，将选择好的立铣刀安装到铣床上，并调整主轴转速至所选转速，进给量调至所选数值。

2．用棉纱擦净平口钳底座接合面和铣床工作台表面。将平口钳紧固在工作台台面上。并用百分表将固定钳口校正，与工作台纵向进给平行。

3．将工件基准面 *A* 靠向固定钳口，辅助基准面放在平行垫铁上（问题 2），调整好工件位置并夹紧，用铜棒将工件轻轻敲实，直至用手不能晃动垫铁为合适。分别加工两级台阶。若工件毛坯加工有缺陷，此时要认真选择加工面位置，将缺陷区域铣去。

4．检查无误后，卸下工件，去毛刺。

5．将工件辅助基准面靠向固定钳口，基准面 *A* 放在平行垫铁上，调整好工件位置，并夹紧，用铜棒将工件轻轻敲实，直至用手不能晃动垫铁为合适（问题 3）。分别加工剩余的两级台阶。

6．检查无误后，卸下工件，用锉刀仔细去除毛刺，综合检验各项技术指标。

注意：操作时要严格按照操作规程进行，以免发生事故。

问题 1：若检测时发现与基准面 *A* 相对平面的平行度较差，造成一端尺寸小于规定尺寸，此时，如何处理才能加工出合格的阶梯垫铁？

实践操作	问题2：选择垫铁的高度有何要求？ 问题3：用铜棒敲击时，有哪些注意事项？

三、任务测评

完成任务后先按表2—8进行自我测评，再请老师评价审核。

表2—8　　加工情况测评表

工作内容	工作情况	配分	用时	检验情况	得分
铣刀选择与安装	刀盘、刀头安装合理，得5分，其余酌情扣分 立铣刀安装合理，得5分，其余酌情扣分	10			
主轴转速、工作台进给量调整	端铣刀 $D=100$ mm 时，$n=300$ r/min，$v_f=95$ mm/min，得5分，其余转速、进给量酌情扣分 立铣刀 $D=36$ mm 时，粗铣 $n=190$ r/min，$v_f=60$ mm/min，得5分，其余转速、进给量酌情扣分；精铣 $n=300$ r/min，$v_f=37.5$ mm/min，得5分，其余转速、进给量酌情扣分	15			
工件毛坯尺寸	三处（50±0.1）mm 均合格，得15分，超差酌情扣分	15			
校正平口钳	平口钳固定钳口与工作台纵向进给方向平行度在0.02 mm/200 mm内，得5分，超差酌情扣分	5			
工件装夹与加工	工件装夹合理，得5分，其余酌情扣分 按正确的加工顺序加工，得5分，其余酌情扣分	10			
工件台阶尺寸	八处10 mm均合格，得15分，超差酌情扣分	15			
工件形位公差	垂直度公差0.06 mm合格，得5分，超差酌情扣分 垂直度公差0.10 mm合格，得5分，超差酌情扣分 平行度公差0.06 mm合格，得5分，超差酌情扣分	15			
表面质量	各表面表面粗糙度≤$Ra3.2$ μm，得10分，超差酌情扣分	10			

续表

工作内容	工作情况	配分	用时	检验情况	得分
安全文明生产	严格遵守安全文明生产的规定，得5分，如有违反酌情扣分；若出现设备、生产事故，可加倍扣分，成绩判为不及格	5			
指导教师评价	指导教师：　　　　年　月　日				

四、课后小结

根据台阶铣削任务的实际完成情况进行小结。

项目三

铣削特形沟槽垫铁

任务1　铣削V形槽

一、工作任务

由于V形槽垫铁是一种常用的定位元件，在机床夹具中的应用非常普遍，有些机床还采用V形导轨。所以，在铣床上经常要加工V形槽类工件。

本任务工艺过程如下：

1．铣削特形沟槽垫铁坯料。

2．直角沟槽的铣削。

3．V形槽的铣削。

二、任务实施

学习环节	学习过程和内容
新课准备	你知道V形槽的主要技术要求吗？常见V形槽的夹角为多少？

理论学习	**一、铣削 V 形槽常用的方法** 1. 角度铣刀适合加工何种 V 形槽？ 2. 立铣刀或端铣刀适合加工何种 V 形槽？ 3. 三面刃铣刀适合加工何种 V 形槽？ **二、V 形槽的检测** 1. 如何精确测量 V 形槽的宽度？ 2. 如何精确测量 V 形槽的对称度？ 3. 如何精确测量 V 形槽的槽角？

实践操作

分组完成如图 3—1 所示特形沟槽垫铁的铣削。

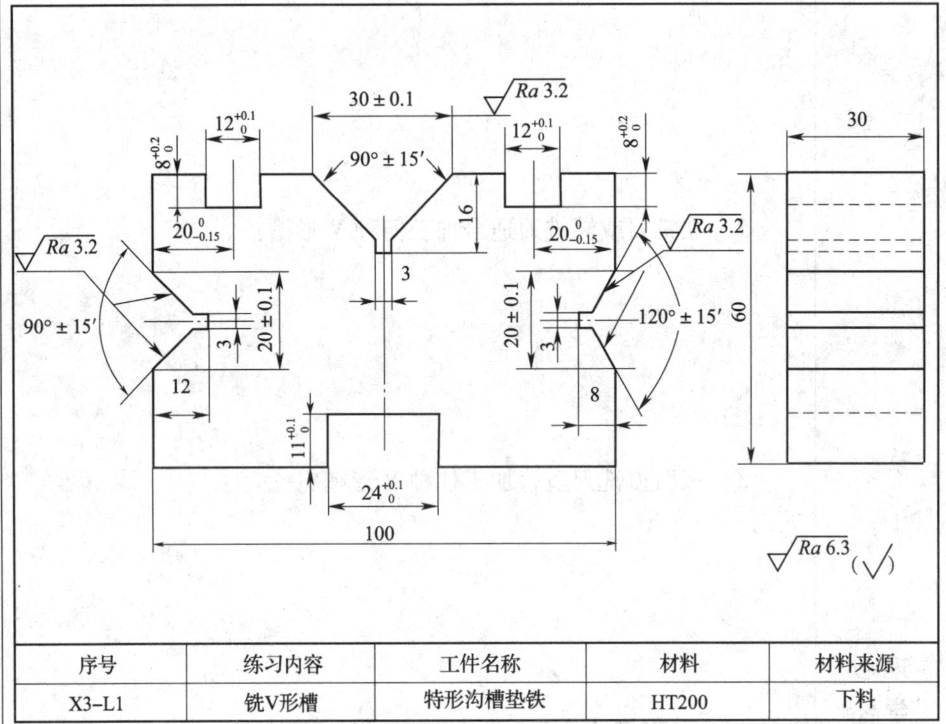

序号	练习内容	工件名称	材料	材料来源
X3–L1	铣V形槽	特形沟槽垫铁	HT200	下料

图 3—1　铣特形沟槽垫铁上的 V 形槽

本任务需要先加工 100 mm × 60 mm × 30 mm 的工件毛坯，然后在此基础上加工尺寸不同的三个直角沟槽，最后加工不同槽角的三个 V 形槽。铣毛坯时，可采用端铣刀进行加工。铣直角沟槽时，用 ϕ10 mm 的直柄立铣刀和 ϕ20 mm 的锥柄立铣刀进行加工。铣 V 形槽时，用 80 mm × 3 mm × 22 mm 的锯片铣刀铣削窄槽，用 ϕ25 mm 的锥柄立铣刀铣削 V 形槽。

一、在立铣床上用端铣刀铣削垫铁坯料

端铣工件毛坯时继续选用任务 1 的主轴转速和进给量，即：主轴转速选择为 300 r/min，工作台进给量选择为 95 mm/min。具体步骤是：

1. 同组同学相互配合，将选择好的铣刀刀盘、端铣刀刀头等依次安装到铣床上，并调整主轴转速至所选转速，进给量调至所选数值。

注意：安装铣刀和改变主轴转速时要严格按照操作规程进行，以免发生事故。

2. 对照工件完工尺寸 100 mm × 60 mm × 30 mm 确定工件加工余量，并填入表 3—1。

实践操作	

表 3—1　毛坯余量情况表　mm

毛坯尺寸	完工尺寸	总余量	铣削深度 1	铣削深度 2
	100			
	60			
	30			

3. 用棉纱擦净平口钳底座接合面和铣床工作台表面。将平口钳紧固在工作台台面上。

4. 选择工件上一较平整的表面作为粗基准，靠向固定钳口，放入钳口调整好位置，加工出基准面 *A*。停车后，观察加工表面粗糙度，并用刀口尺检验工件平面度，合格后，卸下工件，用锉刀去除毛刺。

5. 将工件基准面 *A* 靠向固定钳口，放入钳口调整好位置，加工各垂直面、平行面。每次加工停车后，观察加工表面粗糙度，并用刀口尺检验工件平面度，合格后卸下工件，用锉刀去除毛刺。然后用 90°角尺检查垂直度，用游标卡尺检查尺寸情况。若各项技术要求合格，方可进行下一步工作。

6. 各表面加工完成后，用锉刀仔细去除毛刺，综合检验各项技术要求，并记录。

注意：操作时要严格按照操作规程进行，以免发生事故。

二、用平口钳装夹工件，铣削各直角通槽

1. 同组同学相互配合，用棉纱擦净平口钳底座接合面和铣床工作台表面。将平口钳紧固在工作台台面上，并用百分表校正平口钳钳口与纵向进给方向平行。

2. 换上弹簧夹头，将 ϕ10 mm 的直柄立铣刀夹紧。调整主轴转速至所选转速，进给量调至所选数值（问题 1）。

3. 将工件放入钳口，以其两侧面为夹紧面，基准面 *A* 靠向固定钳口，以底面为辅助基准面，调整好位置，并夹紧工件。

4. 移动工作台，调整铣刀位置，对刀，移距，完成两 $12^{+0.1}_{0}$ mm 直角通槽的铣削，并注意保证槽宽 $12^{+0.1}_{0}$ mm、槽深 $8^{+0.2}_{0}$ mm、定位尺寸 $20^{0}_{-0.15}$ mm 等尺寸。

5. 检查无误后，拆下工件，用锉刀去除毛刺。

6. 将 ϕ20 mm 的锥柄立铣刀安装到铣床主轴中。调整主轴转速至所选转速，进给量调至所选数值。

7. 将工件放入钳口，以其两侧面为夹紧面，基准面 *A* 靠向固定钳口，以顶面为辅助基准面，调整好位置，并夹紧工件。

实践操作

8. 移动工作台，调整铣刀位置，对刀，移距，完成 $24^{+0.1}_{0}$ mm 直角通槽的铣削，并注意保证槽宽 $24^{+0.1}_{0}$ mm，槽深 $11^{+0.1}_{0}$ mm 等尺寸，并且保证所铣直角通槽相对 100 mm 尺寸对称。

9. 用游标卡尺、游标深度尺检验工件尺寸是否合格，并记录。

注意：操作时要严格按照操作规程进行，以免发生事故。

三、在卧铣床上，铣窄槽

1. 同组同学相互配合，在划线平板上，用钢直尺、划针，对照图样进行划线，并用样冲按线打好样冲眼。

注意：划线时，要认真细致、划准确。打样冲眼时，用力要适中，样冲眼既不要过深，也不要过浅。

2. 将选择好的铣刀刀杆、锯片铣刀等依次安装到铣床上。调整主轴转速至所选转速，进给量调至所选数值。

3. 将工件放入钳口，以其两侧面为夹紧面，基准面 *A* 靠向固定钳口，分别以底面和左、右端面为辅助基准，调整好位置并夹紧工件。

4. 移动工作台，调整铣刀位置，对刀，完成三处窄槽的加工。注意保证槽深尺寸 16 mm、12 mm、8 mm。

5. 检查无误后，拆下工件，用锉刀去除毛刺。

注意：操作时要严格按照操作规程进行，以免发生事故。

四、用立铣刀，倾斜立铣头铣 V 形槽

1. 同组同学相互配合，在立式铣床上，换上 ϕ25 mm 的锥柄立铣刀。将立铣头旋转 45°后紧固。

2. 用棉纱擦净平口钳底座接合面和铣床工作台表面。将平口钳紧固在工作台台面上。并用百分表校正平口钳钳口与纵向进给方向平行。

3. 将工件放入钳口，以其两侧面为夹紧面，基准面 *A* 靠向固定钳口，分别以底面和右端面为辅助基准，调整好位置并夹紧工件。

4. 移动工作台，调整铣刀位置，对刀，分别完成（30 ± 0.1）mm × 90°、（20 ± 0.1）mm × 90°V 形槽的铣削，并注意保证各尺寸满足要求（问题 2）。

5. 检查无误后，拆下工件，用锉刀去除毛刺。

6. 同组同学相互配合，将立铣头旋转 30°后紧固。

7. 再次将工件放入钳口，以其两侧面为夹紧面，基准面 *A* 靠向固定钳口，以左端面为辅助基准，调整好位置并夹紧工件。

8. 移动工作台，调整铣刀位置，对刀，完成（20 ± 0.1）mm × 120°V 形槽的铣削，并注意保证各尺寸满足要求。

9. 检查无误后，拆下工件，用锉刀仔细去除毛刺，综合检验各项技术要求，并记录。

注意：操作时要严格按照操作规程进行，以免发生事故。

实践操作	问题 1：请计算 ϕ10 mm、ϕ20 mm、ϕ25 mm 立铣刀和 80 mm×3 mm×22 mm锯片铣刀的铣削用量。 问题 2：如何保证 V 形槽的槽角和对称度？

三、任务测评

完成任务后先按表 3—2 进行自我测评，再请老师评价审核。

表 3—2　加工情况测评表

工作内容	工作情况	配分	用时	检验情况	得分
铣刀选择与安装	刀盘、刀头安装合理，得 5 分，其余酌情扣分 立铣刀安装合理，得 5 分，其余酌情扣分	10			
主轴转速、工作台进给量调整	端铣刀 D = 100 mm 时，n = 300 r/min，v_f = 95 mm/min，得 3 分，其余转速、进给量酌情扣分 锯片铣刀 D = 80 mm 时，n = 95 r/min，得 3 分，其余转速酌情扣分 立铣刀 D = 10 mm 时，n = 600 r/min，v_f = 30 mm/min，得 3 分，其余转速、进给量酌情扣分 立铣刀 D = 20 mm 时，n = 375 r/min，v_f = 47.5 mm/min，得 3 分，其余转速、进给量酌情扣分 立铣刀 D = 25 mm 时，n = 300 r/min，v_f = 37.5 mm/min，得 3 分，其余转速、进给量酌情扣分	15			
划线	工件划线合理、清晰、准确，得 5 分，其余酌情扣分	5			
校正平口钳	平口钳固定钳口与工作台纵向进给方向平行度在 0.02 mm/200 mm 内，得 5 分，超差酌情扣分	5			
铣床调整	正确调整铣床位置，得 5 分，其余酌情扣分	5			
装夹工件与加工	工件装夹合理，得 5 分，其余酌情扣分 按正确的加工顺序加工，得 5 分，其余酌情扣分	10			

续表

工作内容	工作情况	配分	用时	检验情况	得分
工件尺寸	直角通槽：两处槽宽 $12^{+0.1}_{0}$ mm、槽深 $8^{+0.2}_{0}$ mm、定位尺寸 $20^{0}_{-0.15}$ mm 均合格，得 10 分，超差酌情扣分 槽宽 $24^{+0.1}_{0}$ mm，槽深 $11^{+0.1}_{0}$ mm 均合格，得 5 分，超差酌情扣分 窄槽：槽深 16 mm、12 mm、8 mm 均合格，得 5 分，超差酌情扣分 V 形槽：（30 ±0.1） mm ×90°、（20 ±0.1） mm ×90°、（20 ±0.1） mm ×120° 均合格，得 10 分，超差酌情扣分	30			
平面质量	九处表面表面粗糙度≤Ra6.3 μm，得 9 分，超差酌情扣分 六处表面表面粗糙度≤Ra3.2 μm，得 6 分，超差酌情扣分	15			
安全文明生产	严格遵守安全文明生产的规定，得 5 分，如有违反酌情扣分；若出现设备、生产事故，可加倍扣分，成绩判为不及格	5			
指导教师评价	指导教师：　　　　年　月　日				

四、课后小结

根据 V 形槽铣削任务的实际完成情况进行小结。

任务 2　铣削 T 形槽

一、工作任务

T 形槽多见于机床的工作台或附件，主要用于与配套夹具的定位和固定。T 形槽通常是在铣床上加工。

本任务的加工工艺步骤如下：

1. 扩铣直角通槽。
2. 铣削 T 形槽底槽。
3. 铣削槽口倒角。

二、任务实施

学习环节	学习过程和内容
新课准备	T 形槽由哪几部分组成？有何工艺要求？
理论学习	**一、T 形槽的加工方法** 1. 铣削普通 T 形槽时，通常先铣__________，再用__________铣刀铣__________槽，最后铣__________。 2. 如何铣削不穿通的 T 形槽？ **二、T 形槽铣刀的结构及尺寸** 试根据教材表 3—1，对照本任务 T 形槽的尺寸，选择 T 形槽铣刀。
实践操作	分组完成如图 3—2 所示 T 形槽的加工。 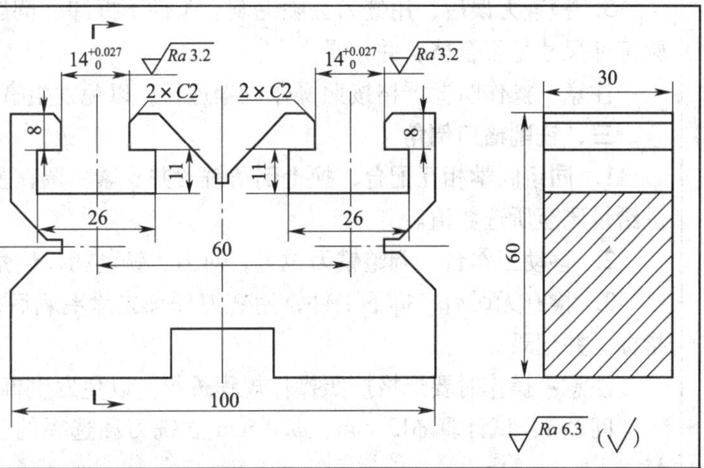

序号	练习内容	工件名称	材料	材料来源
X3–L2	铣T形槽	特形沟槽垫铁	HT200	X3–L1–2

图 3—2 铣特形沟槽垫铁上的 T 形槽

实践操作	由于本任务中的 $14^{+0.027}_{0}$ mm 直角通槽，已在任务 1 中加工成 12 mm 尺寸，本任务使用 $\phi12$ mm 直柄立铣刀直接扩铣。T 形槽的底槽用选好的 T 形槽铣刀直接铣削即可（问题 1）。槽口倒角，采用 $\phi20$ mm 左右修磨后的废旧立铣刀（问题 1）。所有工作都在立式铣床上进行。 **一、扩铣直角通槽** 1. 同组同学相互配合，用棉纱擦净平口钳底座接合面和铣床工作台表面。将平口钳紧固在工作台台面上。并用百分表校正平口钳钳口与纵向进给方向平行。 2. 换上弹簧夹头，将 $\phi12$ mm 的直柄立铣刀夹紧。调整主轴转速至所选转速，进给量调至所选数值。 3. 将工件放入钳口，以其两侧面为夹紧面，基准面 *A* 靠向固定钳口，底面为辅助基准，调整好位置并夹紧工件。 4. 移动工作台，调整铣刀位置，对刀，移距，完成两 $14^{+0.027}_{0}$ mm 直角通槽的铣削，并注意保证槽宽 $14^{+0.027}_{0}$ mm、槽深加工至 18.5 mm、定位尺寸 60 mm 等尺寸。 5. 检查无误后，用锉刀去除毛刺。工件不拆卸，用游标卡尺检验工件尺寸是否合格，并记录。 注意：操作时要严格按照操作规程进行，以免发生事故。 **二、铣削 T 形底槽** 1. 同组同学相互配合，换上 T 形槽铣刀并夹紧。调整主轴转速至所选转速，进给量调至所选数值。 2. 移动工作台，调整铣刀位置，对刀，试切，再调整，完成两 T 形槽的铣削，并注意保证各尺寸。 3. 检查无误后，用锉刀去除毛刺。工件不拆卸（问题 2），用游标卡尺检验工件尺寸是否合格，并记录。 注意：操作时要严格按照操作规程进行，以免发生事故。 **三、铣削槽口倒角** 1. 同组同学相互配合，换上倒角铣刀并夹紧。调整主轴转速至所选转速，进给量调至所选数值。 2. 移动工作台，调整铣刀位置，对刀，铣削槽口倒角至要求。 3. 检查无误后，拆下工件，用锉刀仔细去除毛刺后，综合检验各项技术指标，并记录。 注意：操作时要严格按照操作规程进行，以免发生事故。 问题 1：试计算 $\phi12$ mm、$\phi20$ mm 立铣刀和选择的 T 形槽铣刀的铣削用量。

实践操作	问题2：为什么不用拆卸工件？

三、任务测评

完成任务后先按表3—3进行自我测评，再请老师评价审核。

表3—3　　加工情况测评表

工作内容	工作情况	配分	用时	检验情况	得分
铣刀选择与安装	立铣刀安装合理，得3分，其余酌情扣分 T形槽铣刀安装合理，得3分，其余酌情扣分	6			
主轴转速、工作台进给量调整	立铣刀 $D=\phi12$ mm时，$n=475$ r/min，$v_f=47.5$ mm/min，得6分，其余转速、进给量酌情扣分 T形槽铣刀 $b=25$ mm时，$n=235$ r/min，得3分，其余转速酌情扣分 立铣刀 $D=\phi20$ mm时，$n=375$ r/min，$v_f=47.5$ mm/min，得6分，其余转速、进给量酌情扣分	15			
校正平口钳	平口钳固定钳口与工作台纵向进给方向平行度在0.02 mm/200 mm内，得5分，超差酌情扣分	5			
工件装夹与加工	工件装夹合理，得5分，其余酌情扣分 按正确的加工顺序加工，得5分，其余酌情扣分	10			
工件尺寸	两处槽宽 $14^{+0.027}_{0}$ mm、定位尺寸60 mm均合格，得12分，超差酌情扣分 两处槽宽26 mm、槽高11 mm、定位尺寸8 mm均合格，得18分，超差酌情扣分 槽口倒角C2均合格，得5分，超差酌情扣分	35			
工件表面质量	十二处表面表面粗糙度≤Ra6.3 μm，得12分，超差酌情扣分 四处表面表面粗糙度≤Ra3.2 μm，得12分，超差酌情扣分	24			

续表

工作内容	工作情况	配分	用时	检验情况	得分
安全文明生产	严格遵守安全文明生产的规定，得5分，如有违反酌情扣分；若出现设备、生产事故，可加倍扣分，成绩判为不及格	5			
指导教师评价	指导教师：　　　　　　　　　　　　年　月　日				

四、课后小结

根据T形槽铣削任务的实际完成情况进行小结。

任务3　铣削燕尾槽

一、工作任务

燕尾槽燕尾块配合，在机床导轨结构中应用相当普遍。较小的燕尾槽通常在普通铣床上加工。

本任务所完成燕尾槽的加工工艺步骤如下：

1. 扩铣直角通槽。
2. 粗铣燕尾槽。
3. 检测燕尾槽。
4. 精铣燕尾槽。

二、任务实施

学习环节	学习过程和内容
新课准备	调查实训场地中各种机床哪些采用燕尾配合，并记录燕尾结构使用了何种角度。
理论学习	**一、燕尾槽与燕尾块** 1. 燕尾结构有何技术要求？

理论学习

2．燕尾的角度有哪几种？常用哪种？对照调查结果看一看。

二、燕尾槽和燕尾的铣削方法

1．铣削燕尾槽只能使用燕尾槽铣刀吗？其他铣刀如何选择？

2．带有斜度的燕尾槽如何铣削？

实践操作

分组完成如图 3—3 所示燕尾槽的铣削。

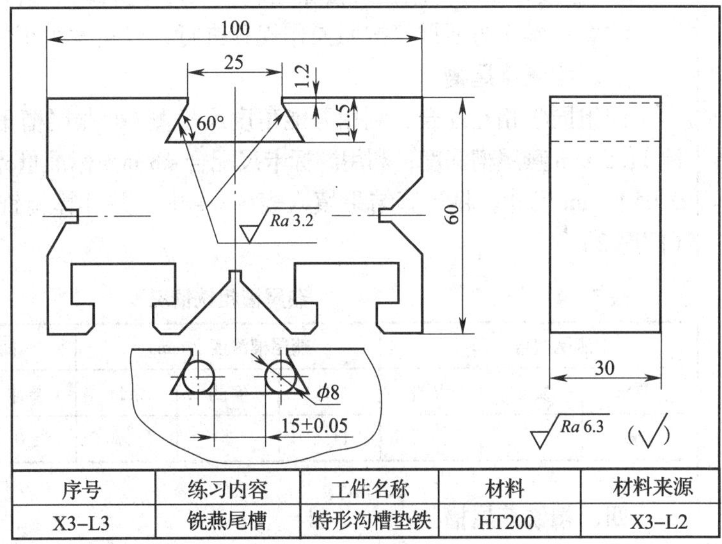

序号	练习内容	工件名称	材料	材料来源
X3–L3	铣燕尾槽	特形沟槽垫铁	HT200	X3–L2

图 3—3　铣特形沟槽垫铁上的燕尾槽

本任务所铣燕尾槽处，已在任务 1 中加工成 24 mm × 11 mm 的直角通槽，此燕尾槽的槽口宽度为 25 mm，需继续用 ϕ20 mm 锥柄立铣刀进行扩铣。燕尾槽铣刀选择一把直径不大于 36 mm，角度为 60°，刃口宽度大于 14 mm 的铣刀即可（问题 1）。所有工作都在立式铣床上进行。

实践操作	内容

实践操作

一、扩铣直角通槽

1. 同组同学相互配合，用棉纱擦净平口钳底座接合面和铣床工作台表面。将平口钳紧固在工作台台面上。并用百分表校正平口钳钳口与纵向进给方向平行。

2. 将 ϕ20 mm 的锥柄立铣刀安装并夹紧。调整主轴转速至所选转速，进给量调至所选数值。

3. 将工件放入钳口，以其两侧面为夹紧面，基准面 *A* 靠向固定钳口，底面为辅助基准面，调整好位置并夹紧工件。

4. 移动工作台，调整铣刀位置，对刀，移距，完成 25 mm 直角通槽的铣削，并注意保证槽宽 25 mm、槽深 11.5 mm、两端对称等尺寸。

5. 检查无误后，用锉刀去除毛刺。工件不拆卸，用游标卡尺检验工件尺寸是否合格并记录。

注意：操作时要严格按照操作规程进行，以免发生事故。

二、粗铣燕尾槽

1. 同组同学相互配合，换上燕尾槽铣刀并夹紧。调整主轴转速至所选转速，进给量调至所选数值。

2. 移动工作台，调整铣刀位置，对刀，试切，再调整，每侧留 0.5 mm 左右的精铣余量，完成燕尾槽的粗铣工作，并注意保证各尺寸满足要求。

3. 检查无误后，用锉刀去除毛刺。工件不拆卸，进行下一步工作。

注意：操作时要严格按照操作规程进行，以免发生事故。

三、检测燕尾槽

同组同学相互配合，利用万能角度尺检测 60°燕尾槽角；用游标深度尺检测 11.5 mm 燕尾槽深度；利用游标卡尺配合 ϕ8 mm 标准量棒，间接测量（15 ± 0.05）mm 尺寸。将计算结果填入表 3—4 中，并计算精铣燕尾槽的加工余量（问题 2）。

表 3—4　　燕尾槽粗铣情况

燕尾槽角（°）			燕尾槽深度（mm）			间接测量尺寸（mm）		
要求	实测	误差	要求	实测	余量	要求	实测	余量
60			11.5			15 ±0.05		

四、精铣燕尾槽

同组同学相互配合，根据检测结果，移动工作台，调整铣刀位置，精铣燕尾槽至要求。

检查无误后，拆下工件，用锉刀仔细去除毛刺后，综合检验各项技术指标并记录。

注意：操作时要严格按照操作规程进行，以免发生事故。

实践操作	问题 1：试计算 ϕ20 mm 立铣刀和所选燕尾槽铣刀的铣削用量。 问题 2：此任务需要计算燕尾槽最小宽度吗？为什么？

三、任务测评

完成任务后先按表 3—5 进行自我测评，再请老师评价审核。

表 3—5　　加工情况测评表

工作内容	工作情况	配分	用时	检验情况	得分
铣刀选择与安装	立铣刀安装合理，得 5 分，其余酌情扣分 燕尾槽铣刀安装合理，得 5 分，其余酌情扣分	10			
主轴转速、工作台进给量调整	立铣刀 D = 20 mm 时，n = 375 r/min，v_f = 47.5 mm/min，得 10 分，其余转速、进给量酌情扣分 燕尾槽铣刀 D = 30 mm 时，n = 190 r/min，v_f = 23.5 mm/min，得 10 分，其余转速、进给量酌情扣分	20			
校正平口钳	平口钳固定钳口与工作台纵向进给方向平行度在 0.02 mm/200 mm 内，得 5 分，超差酌情扣分	5			
工件装夹与加工	工件装夹合理，得 5 分，其余酌情扣分 按正确的加工顺序加工，得 5 分，其余酌情扣分	10			
工件尺寸	槽口宽 25 mm、槽深 11.5 mm、1.2 mm 均合格，得 15 分，超差酌情扣分 量棒距离（15 ± 0.05）mm 合格，得 10 分，超差酌情扣分	25			

续表

工作内容	工作情况	配分	用时	检验情况	得分
工件表面质量	两处表面表面粗糙度≤Ra6.3 μm，得10分，超差酌情扣分 两处表面表面粗糙度≤Ra3.2 μm，得10分，超差酌情扣分	20			
安全文明生产	严格遵守安全文明生产的规定，得10分，如有违反酌情扣分；若出现设备、生产事故，可加倍扣分，成绩判为不及格	10			
指导教师评价	指导教师：　　　　年　月　日				

四、课后小结

根据燕尾槽铣削任务的实际完成情况进行小结。

项目四

铣削花键轴上的键槽

任务1 铣削平键槽

一、工作任务

轴上键槽的铣削，是铣削加工的重要工作内容之一。在铣床上，封闭键槽采用键槽铣刀铣削，通键槽采用盘形槽铣刀铣削，半圆键槽采用专用的半圆键槽铣刀进行铣削。铣削键槽的装夹方式，常根据工件数量的多少及精度要求的高低采用平口钳、V形架、分度头等进行装夹。

铣削轴上键槽的基本工艺步骤如下：

1. 根据工件情况选择装夹方式并校正工件。
2. 根据键槽宽度选用铣刀并装刀试铣。
3. 进行铣削加工，完成键槽铣削。
4. 根据技术要求综合检验键槽是否合格。

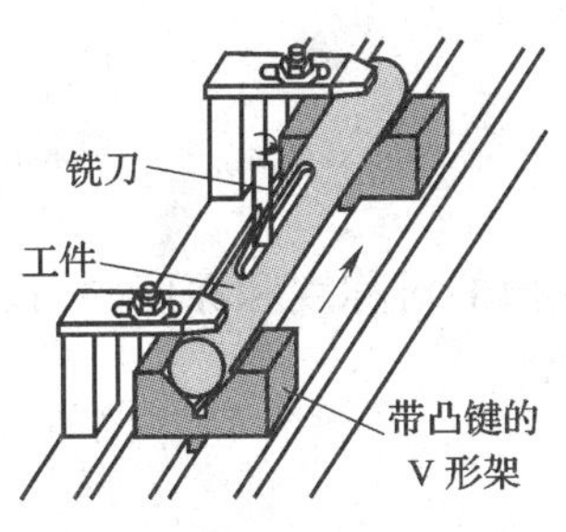

二、任务实施

学习环节	学习过程和内容
新课准备	1. 你知道键槽与前面所学直角沟槽有何不同吗？在铣床上铣削键槽用何种刀具？刀具如何选择？

新课准备	2．铣削键槽时采用哪些方法对工件进行装夹？
理论学习	**一、轴类工件的装夹方法** 1．轴类零件的装夹应达到何种要求？ 2．生产中常用的轴类零件的装夹方法有哪几种？各有何特点？ 3．若有几件外圆精度较高且长度在200 mm左右的轴需要加工键槽，你会采用何种装夹方式进行装夹？若在直径40 mm左右的长轴上加工键槽，可采用何种装夹方式进行装夹？为什么？ 4．若有一批工件需要加工键槽，键槽的对称度和深度的精度要求较高，你会采用何种装夹方式进行装夹？为什么？ **二、铣键槽时铣刀对中心的方法** 1．铣键槽时常用的铣刀对中心的方法有哪几种？若键槽的对称度精度要求很高，可采用何种对刀方法？

理论学习	2．采用如图 4—1 所示侧面擦刀法对中心时，工作台如何移距？ 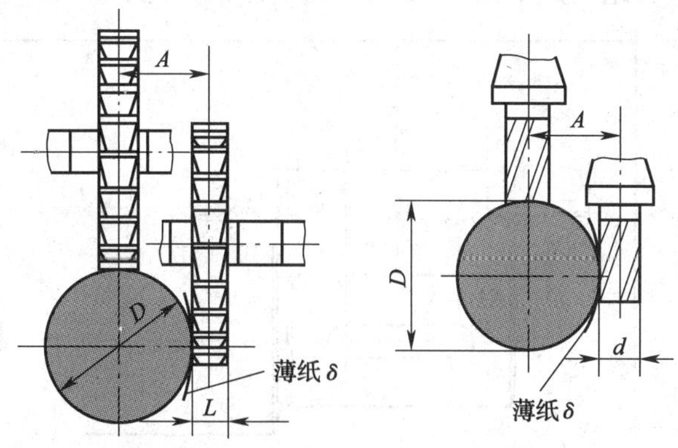 图 4—1　侧面擦刀法对中心 **三、平键槽的铣削方法** 1．铣刀中心对好后，铣削时还需要检查中心是否对好吗？如何校准？ 2．采用键槽铣刀铣削封闭键槽，为何常采用分层铣削或扩刀铣削？若采用一次铣削到深度会有哪些不足？ **四、键槽的检测方法** 1．检测键槽槽宽时，若无塞规或塞块，而槽宽精度又较高，应如何进行检测？ 2．若键槽的对称度要求较高而又无合适的平行塞块，应如何进行检测？

分组完成如图 4—2 所示封闭键槽的铣削。

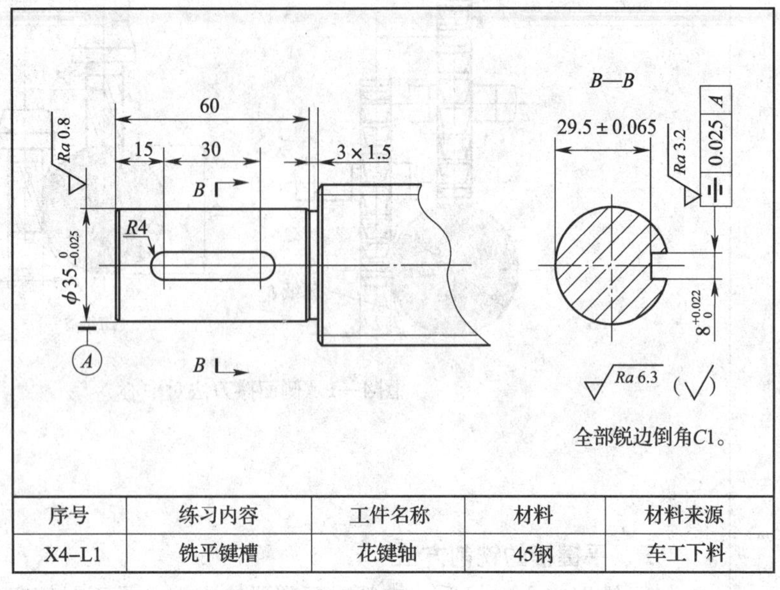

序号	练习内容	工件名称	材料	材料来源
X4–L1	铣平键槽	花键轴	45钢	车工下料

图 4—2　花键轴左端台阶轴

实践操作

一、安装、校正平口钳

1. 同组同学相互配合，将平口钳安装在铣床工作台上。

2. 用百分表校正平口钳钳口与工作台纵向进给方向平行，并检查平口钳两导轨面是否平行。

注意：平口钳安装时要认真擦拭工作台台面和平口钳底面，并防止棉纱、切屑等杂物混入到两贴合面之间（问题 1）。

二、装夹、校正工件

1. 将工件放置在适当尺寸的平行垫铁之上，用铜棒敲实工件并夹紧。

2. 同组同学相互配合，用百分表检查工件的上素线与工作台台面的平行度情况。

注意：敲实工件和夹紧工件时用力要适当，防止敲伤、夹伤工件。

三、选择、安装、调整铣刀，对中心，铣削键槽

1. 根据键槽宽度尺寸，选择 ϕ6 mm 的键槽铣刀进行粗铣加工，ϕ8 mm 的键槽铣刀进行精铣加工。分别采用适当的主轴转速和进给速度进行加工（问题 2）。

2. 同组同学相互配合，用百分表调整横向工作台使铣床主轴轴线对准工件的中心，并紧固横向工作台。

3. 安装弹簧夹头及 ϕ6 mm 的键槽铣刀。调整铣床主轴转速。

4. 调整铣床工作台，工件端面对刀并移距（问题 3）使铣刀中心距端面 15 mm。

实践操作	5．上升工作台对刀，继续上升工作台并观察铣刀切痕，确定铣刀对准中心后，加注切削液，采用分层铣削法粗铣键槽至 6 mm × 30 mm，控制键槽深度至 30 mm。 6．下降工作台换上 ϕ8 mm 的键槽铣刀，并调整铣床转速。 7．上升工作台对刀，加注切削液，升降铣床工作台进给切削，控制键槽深度至要求。匀速进给纵向工作台将键槽长度 30 mm 加工至要求。 8．停车、退刀，检查所铣键槽是否符合要求，合格后，卸下工件，去毛刺。综合检查键槽尺寸、对称度等（问题 4），并记录。 问题 1：若用百分表检查平口钳两导轨面不平行，试说明是何原因，应如何处理？ 问题 2：根据铣削速度和进给量计算主轴转速和进给速度。 问题 3：端面对刀后，如何确定铣刀移动的距离？ 问题 4：若检测的槽宽尺寸大于公差要求，试分析原因，并提出解决办法。

三、任务测评

完成任务后先按表 4—1 进行自我测评，再请老师评价审核。

表 4—1　　加工情况测评表

工作内容	工作情况	配分	用时	检验情况	得分
安装校正平口钳	平口钳固定钳口与工作台纵向进给方向平行度在 0.02 mm/200 mm 内，得 5 分，超差酌情扣分	5			
装夹校正工件	工件装夹合理，得 5 分，其余酌情扣分 素线位置准确，得 5 分，其余酌情扣分	10			
对中心	对中心方法正确、合理，得 10 分，超差酌情扣分	10			
安装铣刀调整主轴转速	键槽铣刀安装合理，得 5 分，其余酌情扣分 键槽铣刀 $D=6$ mm 时，$n=1\ 180$ r/min，$v_f=118$ mm/min，得 5 分，其余转速、进给量酌情扣分 键槽铣刀 $D=8$ mm 时，$n=950$ r/min，$v_f=60$ mm/min，得 5 分，其余转速、进给量酌情扣分	15			
对刀调整工件位置	对刀方法正确、合理、调整位置准确，得 5 分，其余酌情扣分	5			
工件尺寸	槽宽 $8^{+0.022}_{0}$ mm 合格，得 10 分，超差酌情扣分 槽长 30 mm、槽深方向尺寸（29.5 ± 0.065）mm、定位尺寸 15 mm 均合格，得 15 分，超差酌情扣分	25			
形位公差	对称度公差 0.025 mm 合格，得 10 分，超差酌情扣分	10			
表面粗糙度	两处表面表面粗糙度≤Ra3.2 μm，得 12 分，超差酌情扣分 一处表面表面粗糙度≤Ra6.3 μm，得 3 分，超差酌情扣分	15			
安全文明生产	严格遵守安全文明生产的规定，得 5 分，如有违反酌情扣分；若出现设备、生产事故，可加倍扣分，成绩判为不及格	5			
指导教师评价	指导教师：　　　　年　月　日				

四、课后小结

根据平键槽铣削任务的实际完成情况进行小结。

任务2　铣削半圆键槽

一、工作任务

半圆键槽的铣削，采用专用的半圆键槽铣刀进行铣削。工件的装夹可采用与平键槽铣削时相似的装夹方式。

铣削半圆键槽的基本工艺步骤如下：

1. 根据工件情况装夹并校正工件。
2. 根据半圆键槽的尺寸选用铣刀并装刀试铣。
3. 进行铣削加工，完成半圆键槽铣削。
4. 根据技术要求综合检验半圆键槽是否合格。

二、任务实施

学习环节	学习过程和内容
新课准备	1. 轴类零件的装夹，常采用何种方式？ 2. 半圆键槽的铣削能否采用三面刃盘铣刀或盘形槽铣刀？
理论学习	**一、万能分度头的结构与功用** 1. 万能分度头有何作用？其主参数代表什么？ 2. 有人说：万能分度头的主轴只能水平放置，不能调整角度。这种说法对吗？如能调整，试说明调整方法。

理论学习

3．分度头所带分度孔盘有何作用？分度孔盘的孔圈数有几种？

4．用顶尖、拨盘和鸡心夹等装夹工件时，是否还要与尾座配合使用？为什么？

二、用分度头装夹工件的方法

用分度头装夹工件有哪三类方法？各有何特点？

三、半圆键槽铣刀

半圆键槽铣刀有何特点？如何选用？

实践操作

分组完成如图4—3所示半圆键槽的铣削。

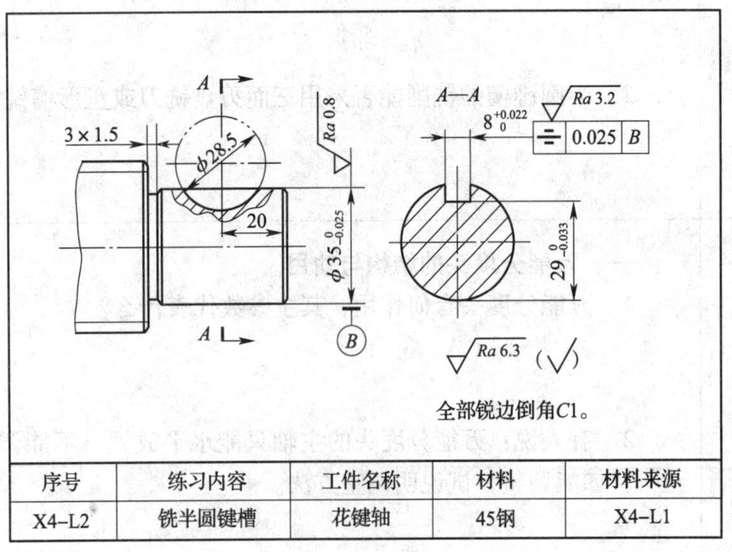

序号	练习内容	工件名称	材料	材料来源
X4–L2	铣半圆键槽	花键轴	45钢	X4–L1

图4—3　花键轴右端台阶轴

实践操作	**一、装夹、校正工件** 1. 同组同学相互配合，将分度头、尾座安装在铣床工作台上。 2. 使用标准心轴用百分表校正其上素线与工作台台面平行。校正其侧素线与工作台纵向进给方向平行。（问题 1） 注意：分度头、尾座安装时要认真擦拭工作台台面和分度头、尾座底面，并防止棉纱、切屑等杂物混入到两贴合面之间。 **二、选择并装夹铣刀** 1. 根据半圆键槽尺寸，选择 $\phi28.5$ mm × 8 mm 的半圆键槽铣刀进行铣削加工。采用适当的主轴转速和进给速度进行加工。 2. 同组同学相互配合，先将弹簧夹头安装在铣床主轴中。再将半圆键槽铣刀安装在弹簧夹头中。调整铣床主轴转速至所选转速。 注意：安装半圆键槽铣刀时，应尽量使刀具伸出较短（问题 2）。 **三、调整铣刀，对中心，铣削半圆键槽** 1. 同组同学相互配合，调整铣刀位置，使其位于工件高度中心位置，试铣，检测槽宽是否符合要求。 2. 用高度尺划出工件长度方向的中心位置。 3. 将工件安装在分度头、尾座之间，用高度尺划出工件水平中心线（问题 3）、半圆键槽宽度尺寸线。 4. 调整铣床纵向和横向工作台，对刀并检查切痕是否在划好的中心位置。锁紧纵向工作台。加注切削液，手动进给铣削，并逐渐减慢进给速度（问题 4），将半圆键槽加工至深度要求。 5. 停车、退刀，检查所铣半圆键槽是否符合要求，合格后，卸下工件，去毛刺。综合检查半圆键槽尺寸、对称度等，并记录检测结果。 问题 1：用百分表检查校正心轴上素线和侧素线有何意义？ 问题 2：请叙述铣刀伸出长度对铣削的影响。

实践操作	问题3：划中心线时，游标高度尺应调至多高为合适？为什么？ 问题4：请说说，为什么要逐渐减慢进给速度？

三、任务测评

完成任务后先按表4—2进行自我测评，再请老师评价审核。

表4—2 **加工情况测评表**

工作内容	工作情况	配分	用时	检验情况	得分
安装、校正素线	分度头、尾座安装正确，得5分，其余酌情扣分 标准心轴上素线与工作台台面平行、侧素线与工作台纵向进给方向平行满足0.02 mm/200 mm，得10分，其余酌情扣分	15			
安装铣刀、调整主轴转速	半圆键槽铣刀安装合理，得5分，其余酌情扣分 半圆键槽铣刀 $D=28.5$ mm 时，$n=235$ r/min，$v_f=23.5$ mm/min，得10分，其余转速、进给量酌情扣分	15			
调整工件位置、对刀	对刀方法正确、合理、调整位置准确，得10分，其余酌情扣分	10			
工件尺寸	槽宽 $8^{+0.022}_{0}$ mm合格，得15分，超差酌情扣分 槽深方向尺寸 $29^{0}_{-0.033}$ mm、定位尺寸20 mm均合格，得10分，超差酌情扣分	25			
形位公差	对称度公差0.025 mm合格，得10分，超差酌情扣分	10			

续表

工作内容	工作情况	配分	用时	检验情况	得分
表面粗糙度	两处表面表面粗糙度≤$Ra3.2\ \mu m$，得 12 分，超差酌情扣分 一处表面表面粗糙度≤$Ra6.3\ \mu m$，得 3 分，超差酌情扣分	15			
安全文明生产	严格遵守安全文明生产的规定，得 5 分，如有违反酌情扣分；若出现设备、生产事故，可加倍扣分，成绩判为不及格	10			
指导教师评价	指导教师：　　　　年　月　日				

四、课后小结

结合任务实施情况，对铣削半圆键槽的方法和加工步骤，以及间接测量半圆键槽深度的方法进行小结。

项目五

铣削矩形齿牙嵌式离合器

任务1　铣削多边形

一、工作任务

正多边形工件的铣削，是铣削加工中经常进行的加工内容之一。大多采用分度头装夹，用立铣刀、三面刃铣刀或端铣刀进行铣削。

铣削正多边形工件的基本工艺步骤如下：

1．根据工件情况选择装夹方式并校正工件。

2．根据正多边形的情况选择铣刀并装刀试铣。

3．进行铣削加工，完成正多边形的铣削。

4．根据技术要求综合检验正多边形是否合格。

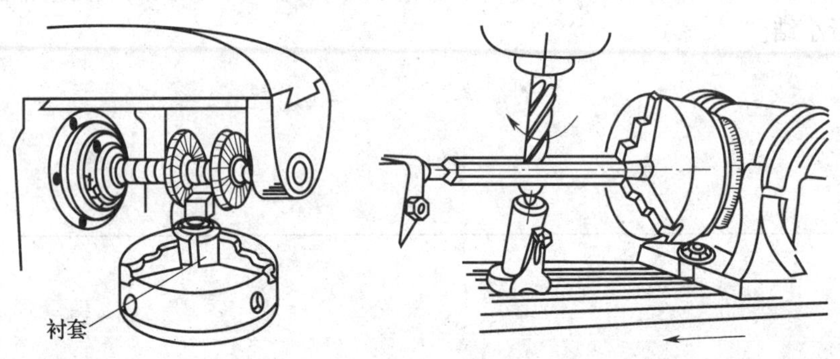

二、任务实施

学习环节	学习过程和内容
新课准备	正多边形的铣削与之前学习的长方体的铣削有相似之处吗？

理论学习

一、正多边形的相关计算

1. 铣削一对边尺寸 S 为 19 mm 的正六边形时，需要计算哪些参数？

2. 计算正多边形内切圆的直径有何意义？

二、多边形工件的铣削方法

1. 铣削时，为何工件露出卡盘部分较长，工件容易松动？此外，还有其他不足吗？

2. 想一想，若工件表面全为正多边形，应如何装夹进行铣削？

3. 采用组合铣刀铣削偶数边多边形时，两把三面刃铣刀的内侧距离为多边形对边尺寸 S，用垫圈调整好后，是否需要试切？为什么？

实践操作

分组完成如图 5—1 所示正六边形的铣削。

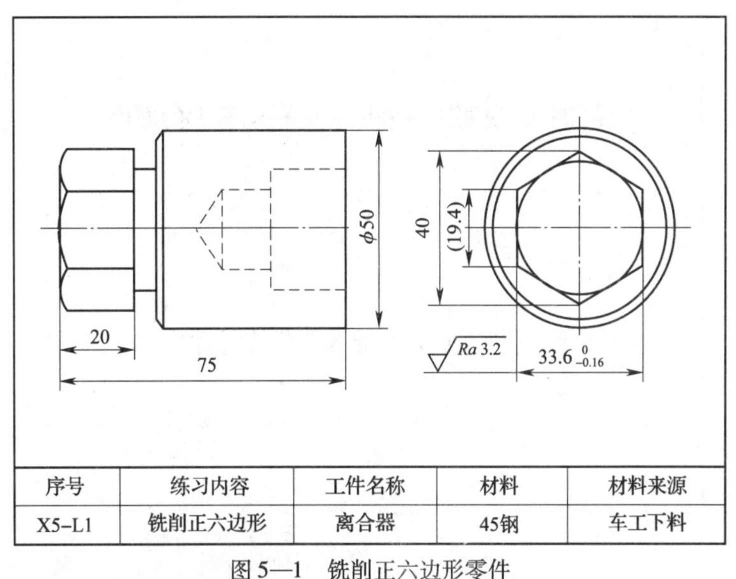

序号	练习内容	工件名称	材料	材料来源
X5-L1	铣削正六边形	离合器	45钢	车工下料

图 5—1　铣削正六边形零件

实践操作

一、安装、校正分度头

1. 同组同学相互配合，将分度头安装在铣床工作台上。

2. 用百分表校正分度头主轴轴线与工作台台面垂直（问题1）。

注意：分度头安装时要认真擦拭工作台台面和分度头底面，并防止棉纱、切屑等杂物混入到两贴合面之间。

二、装夹、校正工件

1. 将工件用铜皮包裹后放入三爪自定心卡盘并夹紧。

2. 同组同学相互配合，用百分表检查工件的外圆跳动情况（问题2）。

注意：夹紧工件时用力要适当，防止未夹紧或夹伤工件。

三、选择、安装、调整铣刀，对中心，铣削正六边形

1. 根据工件毛坯尺寸和零件完工尺寸，选择 $\phi100$ mm × 10 mm × 27 mm 的三面刃盘铣刀进行加工。采用适当的主轴转速和进给速度进行加工（问题3）。

2. 同组同学相互配合，安装铣刀。调整铣床主轴转速和工作台进给速度。

3. 调整横向工作台，使铣刀与工件外圆轻轻相擦，退刀后，将工件进给一个距离 e（问题4），并紧固横向工作台。

4. 手动进给，试铣并检测是否合格。

5. 经检测合格后，加注切削液，依次分度铣削各边至要求尺寸。

6. 停车、退刀，检查所铣正六边形是否符合要求，合格后，卸下工件，去毛刺。综合检查尺寸情况（问题5），并记录。

问题1：若分度头主轴轴线与工作台台面不垂直，试说明会出现何种后果？

问题2：试说明工件外圆表面跳动量大的原因。

问题3：试确定铣刀转速和工件进给速度。

实践操作	问题4：计算距离 e 时，工件外圆直径 D，应用图样尺寸还是实际直径尺寸？为什么？ 问题5：若检测时发现正六边形的各对边平面相互不平行，试说明原因。

三、任务测评

完成任务后先按表5—1进行自我测评，再请老师评价审核。

表5—1 **加工情况测评表**

工作内容	工作情况	配分	用时	检验情况	得分
安装校正分度头	分度头安装正确，得5分，其余酌情扣分 标准心轴上素线与工作台台面平行、侧素线与工作台纵向进给方向平行满足0.02 mm/200 mm，得10分，其余酌情扣分	15			
装夹校正工件	工件安装位置合理、夹持可靠、无偏斜、无夹伤，得10分，其余酌情扣分	10			
安装铣刀、调整主轴转速	三面刃铣刀安装合理，得5分，其余酌情扣分 三面刃铣刀 $D=100$ mm时，$n=90$ r/min，$v_f=$ 118 mm/min，得10分，其余转速、进给量酌情扣分	15			
对刀调整工件位置	对刀方法正确、合理、调整位置准确，得10分，其余酌情扣分	10			
工件尺寸	正六边形三处对边尺寸 $33.6_{-0.16}^{0}$ mm合格，得30分，超差酌情扣分	30			

续表

工作内容	工作情况	配分	用时	检验情况	得分
表面粗糙度	六处表面表面粗糙度≤$Ra3.2\ \mu m$，得15分，超差酌情扣分	15			
安全文明生产	严格遵守安全文明生产的规定，得5分，如有违反酌情扣分；若出现设备、生产事故，可加倍扣分，成绩判为不及格	5			
指导教师评价	指导教师：　　年　月　日				

四、课后小结

结合任务实施情况，对多边形的铣削方法和加工步骤进行小结。

任务2　在离合器上进行圆周刻线

一、工作任务

工件刻线，常采用高速钢条或废旧铣刀磨制的刻线刀具。工件圆周刻线可采用万能分度头装夹，直尺刻线可采用机用虎钳或压板等装夹。

工件圆周刻线的基本工艺步骤如下：

1. 根据刻线要求，刃磨并安装刻线刀。
2. 根据工件情况，装夹并校正工件。
3. 根据刻线要求，对刀、刻线。
4. 根据技术要求，综合检验刻线是否合格。

二、任务实施

学习环节	学习过程和内容
新课准备	刻线刀具能买到标准刀具吗？如没有应如何刃磨？
理论学习	**直线移距分度法** 1. 直线移距分度法一般应用在何种场合？圆周刻线是否应用此种分度法？ 2. 主轴挂轮法和侧轴挂轮法，这两种不同的直线移距方法，哪一种精度高？为什么？ 3. 如何确定主轴挂轮法的手柄转数？ 4. 如何确定侧轴挂轮法的手柄转数？

实践操作

分组完成如图 5—2 所示工件外圆周面上的圆周刻线。

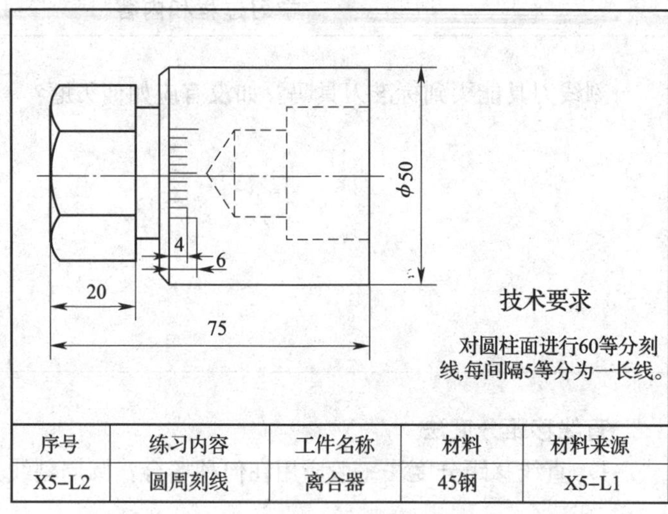

序号	练习内容	工件名称	材料	材料来源
X5–L2	圆周刻线	离合器	45钢	X5–L1

图 5—2　圆周刻线

一、刃磨刻线刀

用废旧直柄立铣刀或键槽铣刀，在砂轮机上刃磨刻线刀（问题 1）。

注意：刃磨刻线刀时，应及时冷却刀具，防止因温度过高，造成刀具退火变形。

二、安装刻线刀

同组同学相互配合，将夹头安装到铣床主轴中，再将刻线刀安装到夹头中。

注意：装刀时，应使刻线刀的前刀面垂直于进给方向（问题 2）并将铣床主轴锁紧，且切断主轴电源。

三、安装、校正工件

1. 同组同学相互配合，将分度头安装到铣床工作台上。

2. 装夹工件，并用百分表检测工件圆跳动，使跳动量尽量控制在 0. 02 mm 内（问题 3）。

注意：夹紧工件时用力要适当，防止未夹紧或夹伤工件。

四、对刀、刻线

1. 同组同学相互配合，按照划出的中心线，调整横向工作台使刻线刀的刀尖对准工件上的中心线，并紧固横向工作台。

2. 调整铣床工作台，使刻线刀刀尖刚刚接触工件端面，并在工作台纵向进给手柄的刻度盘上做好长度标记。

3. 调整铣床工作台，使刻线刀刀尖刚刚接触工件圆柱面，纵向退出工件，上升工作台 0. 1 ~0. 15 mm，试刻，并视线条清晰程度对刻线深度作适当的调整。分度、移距刻完所有刻线（问题 4）。

实践操作	4．退刀，检查所刻刻线是否符合要求，合格后，卸下工件，去毛刺。综合检查，并记录检测结果。 问题1：刃磨刻线刀时，如何控制刻线刀的角度？ 问题2：若刻线刀前刀面与刻线进给方向不垂直，会造成何种后果？为什么？ 问题3：若工件圆跳动量过大，应如何处理？ 问题4：若工件端面误差较大，会对刻线造成什么影响？

三、任务测评

完成任务后先按表5—2进行自我测评，再请老师评价审核。

表5—2　　加工情况测评表

工作内容	工作情况	配分	用时	检验情况	得分
刃磨刻线刀	刻线刀刃磨正确、角度合理，得10分，其余酌情扣分	10			
安装刻线刀	刻线刀安装合理，得10分，其余酌情扣分	10			

续表

工作内容	工作情况	配分	用时	检验情况	得分
安装分度头	分度头安装正确，得10分，其余酌情扣分 标准心轴上素线与工作台台面平行、侧素线与工作台纵向进给方向平行满足0.02 mm/200 mm，得10分，其余酌情扣分	20			
安装校正工件	工件安装位置合理、夹持可靠、无偏斜、无夹伤，得10分，其余酌情扣分	10			
对刀调整工件位置	对刀方法正确、合理、调整位置准确，得10分，其余酌情扣分	10			
刻线尺寸	刻线长度尺寸6 mm、4 mm合格，得20分，超差酌情扣分 刻度均匀一致，得10分，其余酌情扣分	30			
安全文明生产	严格遵守安全文明生产的规定，得10分，如有违反酌情扣分；若出现设备、生产事故，可加倍扣分，成绩判为不及格	10			
指导教师评价	指导教师：　　　　年　月　日				

四、课后小结

结合任务实施情况，总结进行圆周刻线时的操作注意事项。

任务3　铣削矩形齿离合器

一、工作任务

铣削矩形齿离合器通常采用立铣刀或三面刃盘铣刀，工件常采用万能分度头进行装夹。铣削矩形齿离合器的基本工艺步骤如下：

1. 根据工件情况选择铣刀。
2. 安装校正工件。
3. 对刀、铣齿槽。
4. 铣削齿侧间隙。
5. 根据技术要求综合检验离合器是否合格。

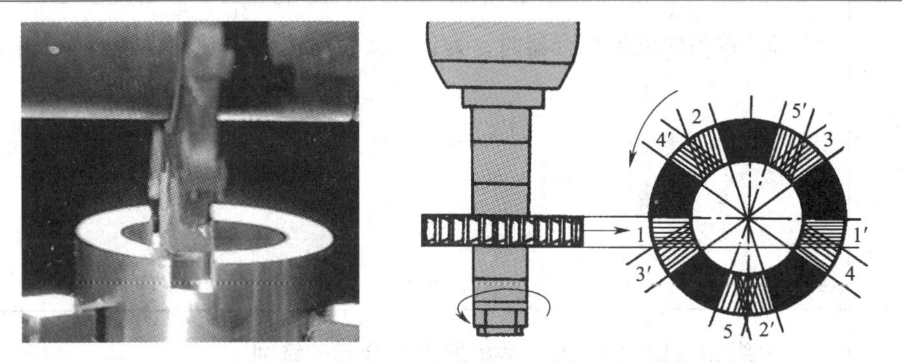

二、任务实施

学习环节	学习过程和内容
新课准备	离合器的铣削与之前学习的正多边形的铣削有相似之处吗？
理论学习	**一、牙嵌式离合器的结构特征** 1. 想一想，在实习场所操作的铣床（请说明铣床型号），使用了哪种齿形的牙嵌式离合器？共用了几个？ 2. 为了使牙嵌式离合器能很好地啮合和脱离传动，一般把齿加工得比齿槽小很多，这种说法对吗？为什么？ **二、牙嵌式离合器的铣削方法** 1. 铣削等高齿离合器时，能否使分度头主轴轴线与工作台纵向进给方向平行？为什么？

理论学习

2. 铣削收缩齿离合器时，为什么要将分度头主轴轴线倾斜一个角度？

实践操作

分组完成如图 5—3 所示矩形齿离合器的铣削。

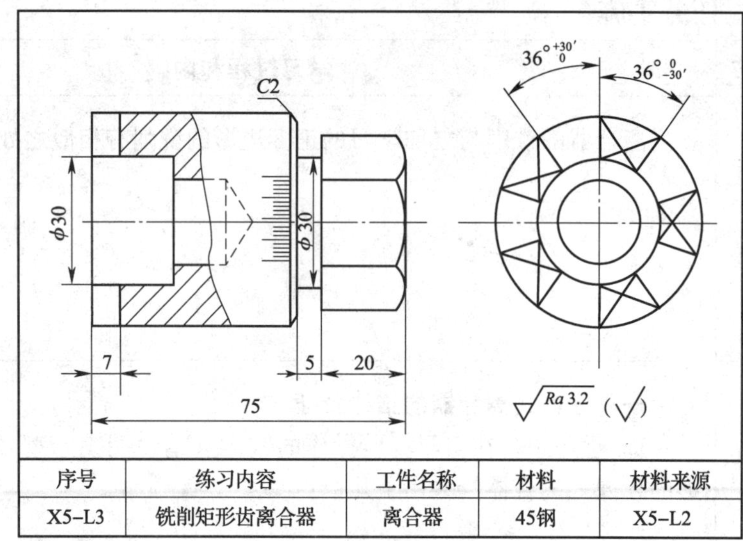

序号	练习内容	工件名称	材料	材料来源
X5–L3	铣削矩形齿离合器	离合器	45钢	X5–L2

图 5—3 矩形齿离合器

一、选择、安装铣刀

1. 根据工件尺寸，计算铣削用三面刃盘铣刀的宽度和直径，根据铣刀尺寸标准选用 $\phi63$ mm × 8 mm × 22 mm 的三面刃盘铣刀。

2. 同组同学相互配合，将三面刃盘铣刀安装在铣床主轴中，并调整铣床主轴转速（问题 1）。

注意：铣刀安装时要认真擦拭各配合表面，并防止棉纱、切屑等杂物混入到两贴合面之间。

二、装夹、校正工件

1. 同组同学相互配合，将分度头安装在工作台台面上，并调整分度头主轴使其轴线与工作台台面垂直（问题 2）。

2. 将工件划出中心线后，安装在分度头三爪自定心卡盘中并夹紧。

3. 用百分表检查工件的径向圆跳动和端面圆跳动，使其符合要求（问题 3）。

注意：夹紧工件时用力要适当，防止未夹紧或夹伤工件。

实践 操作	**三、对中心，铣削齿槽** 1. 同组同学相互配合，按划线或侧面擦刀对刀法，使铣刀一侧面刃对准工件的中心，并紧固横向工作台。 2. 调整铣床工作台，工件端面对刀后，使工作台上升一齿深的距离。 3. 检查分度头主轴、工作台横向与升降是否锁紧。 4. 加注切削液，纵向进给切削，分度、锁紧、走刀，依次铣完各齿槽。 注意：铣削时，一定要锁紧分度头主轴和工作台不需要进给的方向（问题4）。 **四、铣削齿侧间隙** 1. 根据工件尺寸要求，将工件按中差偏转一个角度（15′）。 2. 加注切削液，纵向进给切削，分度、锁紧、走刀，依次铣完各齿侧间隙（问题5）。 3. 停车、退刀，检查所铣离合器是否符合要求，合格后，卸下工件，去毛刺。综合检查离合器尺寸、贴合齿数、贴合面积等，并记录检测结果。 问题1：若铣刀安装后跳动量过大，试说明原因及处理办法。 问题2：若分度头主轴与工作台台面不垂直，会出现什么情况？ 问题3：若工件的径向圆跳动和端面圆跳动过大，会出现什么情况？ 问题4：铣削时，为什么一定要锁紧分度头主轴和工作台不需要进给的方向？ 问题5：为什么要按中差偏转分度头？

三、任务测评

完成任务后先按表5—3进行自我测评，再请老师评价审核。

表5—3　　　　加工情况测评表

工作内容	工作情况	配分	用时情况	检验情况	得分
选择安装铣刀	三面刃铣刀安装合理，得5分，其余酌情扣分 三面刃铣刀 $D=63$ mm 时，$n=150$ r/min，$v_f=150$ mm/min，得5分，其余转速、进给量酌情扣分	10			
安装分度头	分度头安装正确，得5分，其余酌情扣分 标准心轴上素线与工作台台面平行、侧素线与工作台纵向进给方向平行满足0.02 mm/200 mm，得5分，其余酌情扣分	10			
装夹校正工件	工件安装位置合理、夹持可靠、无偏斜、无夹伤，得5分，其余酌情扣分	5			
对中心	对刀方法正确、合理、调整位置准确，得10分，其余酌情扣分	10			
齿槽铣削	齿槽铣削顺序合理、分度准确，得10分，其余酌情扣分	10			
齿隙铣削	齿隙调整角度准确、顺序合理，得10分，其余酌情扣分	10			
工件尺寸	齿槽 $36°^{+30'}_{0}$ 角度准确，得5分，超差酌情扣分 齿牙 $36°^{0}_{-30'}$ 角度准确，得5分，超差酌情扣分 齿高7 mm尺寸准确，得5分，超差酌情扣分	15			
贴合情况	接触齿数≥3齿、贴合面积60%，得10分，超差酌情扣分	10			
表面粗糙度	15处表面表面粗糙度≤Ra3.2 μm，得15分，超差酌情扣分	15			

续表

工作内容	工作情况	配分	用时	检验情况	得分
安全文明生产	严格遵守安全文明生产的规定，得5分，如有违反酌情扣分；若出现设备、生产事故，可加倍扣分，成绩判为不及格	5			
指导教师评价	指导教师：　　　　　年　月　日				

四、课后小结

结合任务实施情况，对矩形齿离合器的铣削方法、加工步骤和检测方法进行小结。

项目六

加工球形手柄组件

任务1 铣削球形手柄外球面

一、工作任务

在铣床上一般采用机夹式硬质合金铣刀，应用展成法来完成球面的加工。工件大多采用万能分度头进行装夹，若工件直径较大也可用回转工作台进行装夹。

铣削球形手柄外球面的基本步骤如下：

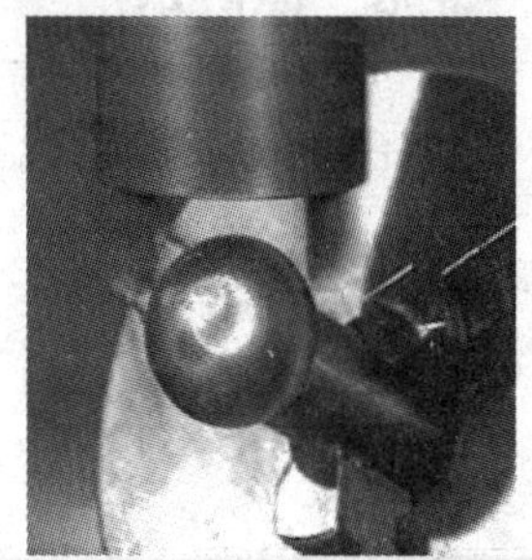

1. 根据工件情况确定刀尖回转半径和分度头起度角。
2. 安装、校正分度头。
3. 调整、安装铣刀盘。
4. 安装、校正工件。
5. 对中心、铣削球面。
6. 根据技术要求检测球面。

二、任务实施

学习环节	学习过程和内容
新课准备	球面铣削时，内凹半球形铣刀可以铣削外球面，球形铣刀可以铣削内球面，这种说法有道理吗？
理论学习	**一、球面的铣削原理** 根据球面形成原理和展成法的原理，用一句话总结出球面铣削的实质。

理论学习

二、加工外球面用的铣刀

观察加工外球面用硬质合金铣刀刀头参数，比较其与加工平面所用硬质合金铣刀刀头有何不同。

三、常见外球面的铣削方法

1．铣削外球面时，工件需要安装在何种夹具中？

2．铣削单柄外球面时，分度头为什么要扳起一个起度角？而铣削冠状外球面时，立铣头主轴为什么要偏转一个倾斜角？

实践操作

分组完成如图 6—1 所示带柄外球面的铣削工作。

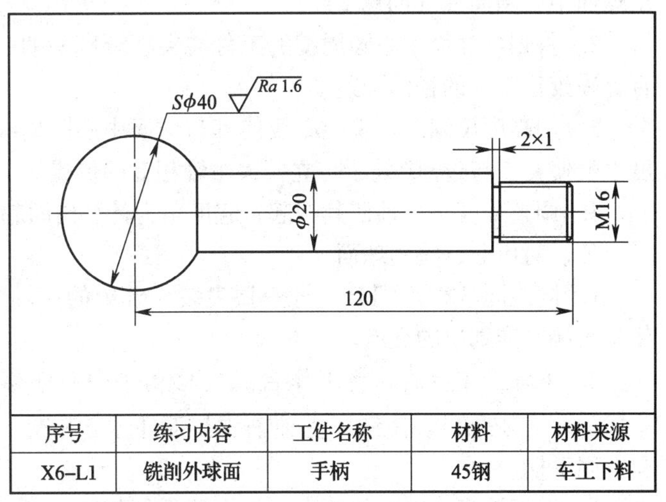

序号	练习内容	工件名称	材料	材料来源
X6–L1	铣削外球面	手柄	45钢	车工下料

图 6—1　带柄外球面零件图

实践操作	**一、计算分度头起度角、刀尖回转半径、中心偏移距离等参数** 读图，根据工件实际情况进行计算： 分度头起度角 $\alpha = \frac{1}{2}\arcsin\frac{D}{2R_{球}} = 15°$ 铣刀刀尖的回转半径 $R_c = R_{球}\cos\alpha = 19.32$ mm 中心偏移距离 $S = R_{球}\sin\alpha = 5.18$ mm 同组同学相互配合，根据计算结果选择适当的铣刀刀盘，并根据刀盘情况选择适当尺寸的铣刀头。 **二、安装、校正分度头** 1. 同组同学相互配合，将分度头安装在铣床工作台上。 2. 使用标准心轴用百分表校正其上素线与工作台台面平行。校正其侧素线与工作台纵向进给方向平行。 注意：分度头安装时要认真擦拭工作台台面和分度头底面，并防止棉纱、切屑等杂物混入到两贴合面之间。 **三、安装、调整铣刀盘** 1. 同组同学相互配合，将铣刀盘安装在铣床主轴中。 2. 安装铣刀头并用量具大体测量其两刀尖之间的尺寸。同时检查两刀尖回转半径是否一致（问题 1）。 若基本符合要求，可通过在试件上试切，测量试切的切痕，检验两刀尖回转半径直至完全符合要求。 注意：操作时要严格按照操作规程进行，以免发生事故。 **四、安装、校正工件** 1. 同组同学相互配合，以工件毛坯端面为基准，以球面半径为尺寸，划出球面中心圆周线（问题 2）。 2. 将划好球面中心圆周线的工件装夹在分度头的三爪自定心卡盘中，用百分表校正工件的径向圆跳动。 3. 用高度尺划出水平中心线使其与球面中心圆周线相交。转动分度头分度手柄使交点转过 90°处于与立铣头主轴相对的位置。 4. 调整分度头主轴使其仰起，起度角为计算出的起度角值（15°）。 **五、对中心、铣削球面** 1. 同组同学相互配合，将一顶尖装入铣床的主轴中。调整铣床工作台，使其尖端对准划出的交点。 2. 下降工作台后，将工作台纵向移动一中心偏移距离 $S = R_{球}\sin\alpha = 5.18$ mm（问题 3）。使铣床主轴轴线与工件球心相交。锁紧工作台纵向、横向紧固手柄。 3. 拆下铣床主轴中的顶尖，换上调整好的铣刀盘，开车，垂直进给调整切深，转动分度头手柄带动工件铣削。工件每转一周调整切深一次。粗铣后检

实践操作	测球面直径，并根据余量采用分层补充进刀，直至符合尺寸和表面粗糙度要求。 4. 下降工作台，停车、退刀，检查所铣圆球是否符合要求，合格后，卸下工件。 5. 用检测样板检测尺寸，并记录检测结果。 注意：操作时要严格按照操作规程进行，以免发生事故。 问题1：如何调整刀尖之间的距离？ 问题2：为什么以球面半径为尺寸划出中心线，有何意义？ 问题3：为什么要让工作台纵向移动一个距离 S，才能对中？

三、任务测评

完成任务后先按表6—1进行自我测评，再请老师评价审核。

表6—1　　加工情况测评表

工作内容	工作情况	配分	用时	检验情况	得分
参数计算	分度头起度角 $\alpha=15°$、铣刀刀尖的回转半径 $R_c=19.32$ mm、中心偏移距离 $S=5.18$ mm，计算准确，得15分，错误酌情扣分	15			
安装校正分度头	分度头安装正确，得5分，其余酌情扣分 标准心轴上素线与工作台台面平行、侧素线与工作台纵向进给方向平行满足0.02 mm/200 mm，得5分，其余酌情扣分	10			

续表

工作内容	工作情况	配分	用时	检验情况	得分
安装调整铣刀盘	端铣刀盘、端铣刀安装合理，得10分，其余酌情扣分	10			
安装校正工件	工件划线准确、安装位置合理、夹持可靠、无偏斜、无夹伤，得10分，其余酌情扣分	5			
对中心	对刀方法正确、合理、调整位置准确，得10分，其余酌情扣分	10			
主轴转速调整	端铣刀 $D=40$ mm时，$n=600$ r/min，得10分，其余转速酌情扣分	5			
工件尺寸	球面直径尺寸40 mm、球心位置120 mm均合格，得20分，超差酌情扣分	20			
工件形状参数	球面形状准确，得10分，其余酌情扣分	10			
表面粗糙度	球表面表面粗糙度≤$Ra1.6$ μm，得10分，超差酌情扣分	10			
安全文明生产	严格遵守安全文明生产的规定，得5分，如有违反酌情扣分；若出现设备、生产事故，可加倍扣分，成绩判为不及格	5			
指导教师评价	指导教师：　　年　月　日				

四、课后小结

根据铣削球形手柄外球面的实际工作情况进行小结。

任务 2　铣削手柄盖板冠状内球面

一、工作任务

冠状内球面的铣削，常采用立铣刀和镗刀。立铣刀一般加工半径较小、深度较浅的内球面。镗刀的加工范围较大，实际生产中应用普遍。

冠状内球面的基本加工步骤如下：

1．根据工件情况计算并选择铣刀。

2．装夹、校正工件。

3．铣削冠状内球面，保证球面的尺寸精度和形状精度要求。

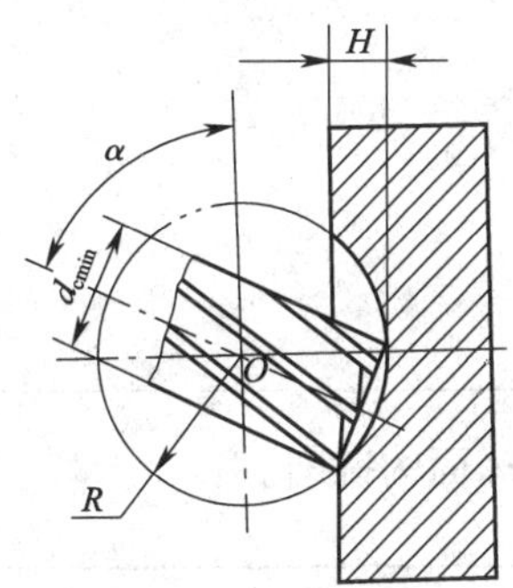

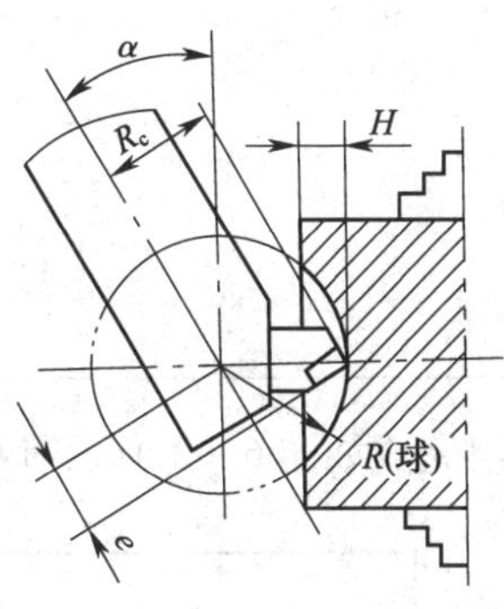

二、任务实施

学习环节	学习过程和内容
新课准备	内球面的加工与外球面的加工一样，都是采用展成法进行加工的吗？
理论学习	**一、冠状内球面的铣削** 1．铣削冠状内球面时，铣刀的直径和扳转角度（起度角）与单柄外球面铣削时的参数计算有何异同？

理论学习

2. 用立铣刀铣削冠状内球面时，铣刀直径的大小对铣削有何影响？用镗刀铣削时也有这种影响吗？

二、带状内球面的铣削

带状内球面与冠状内球面有何异同？

实践操作

分组完成如图 6—2 所示冠状内球面的铣削。

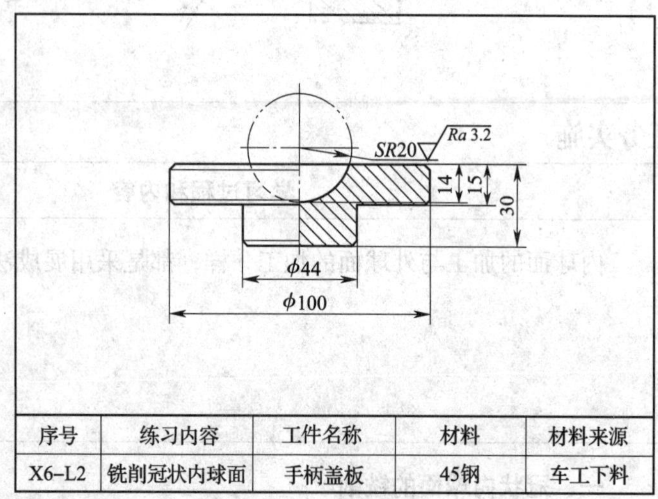

序号	练习内容	工件名称	材料	材料来源
X6–L2	铣削冠状内球面	手柄盖板	45钢	车工下料

图 6—2　手柄盖板零件图

一、计算并选择铣刀

读图，根据工件实际情况进行计算：

立铣刀最小直径 $d_{cmin} = \sqrt{2RH} = \sqrt{DH} = 23.66$ mm

立铣刀最大直径 $d_{cmax} = \sqrt{4R^2 - 2RH} = \sqrt{D^2 - DH} = 32.25$ mm

根据立铣刀标准尺寸，选用 $\phi30$ mm 的立铣刀进行铣削。

实践操作

立铣头偏转角度 $\alpha = \arccos\frac{d_c}{2R} = \arccos\frac{d_c}{D} = 41°25'$

二、装夹、校正工件

1. 同组同学相互配合，用棉纱擦净分度头底座和铣床工作台表面，将分度头安装在铣床工作台上。

2. 将工件毛坯装夹在三爪自定心卡盘中，用百分表校正其与分度头主轴同轴。用游标高度尺在工件端面上划出中心线（问题1）。

3. 将立铣头主轴偏转一偏转角 $\alpha = 41°25'$并锁紧立铣头。

三、铣削冠状内球面

1. 移动工作台，调整铣刀位置，对刀，使铣刀刀尖对准工件中心。

2. 开动机床，试铣，仔细观察切出的浅痕是否通过了内球面的中心处（问题2）。当刀尖通过内球面的中心后，锁紧工作台横向和升降手柄。

3. 连续转动分度手柄，纵向间歇进给，直至纵向移距达到内球面的深度为止。

4. 停车后，观察加工表面粗糙度，并检验球面深度，合格后卸下工件，用锉刀去除毛刺。

5. 用检测样板检测尺寸，并记录检测结果。

注意：操作时要严格按照操作规程进行，以免发生事故。

问题1：分度头主轴轴线是否还要校正，为什么？

问题2：若铣刀通过了内球面的中心处会出现何种纹路？

三、任务测评

完成任务后先按表6—2进行自我测评，再请老师评价审核。

表 6—2 加工情况测评表

工作内容	工作情况	配分	用时	检验情况	得分
铣刀选择与计算	计算选择立铣刀直径 $D=30$ mm、立铣头偏转角度 $\alpha=41°25'$，得 20 分，其余酌情扣分	20			
主轴转速调整	立铣刀 $D=30$ mm 时，$n=300$ r/min，得 5 分，其余转速酌情扣分	5			
分度头安装调整	分度头安装正确，得 5 分，其余酌情扣分 标准心轴上素线与工作台台面平行、侧素线与工作台纵向进给方向平行满足 0.02 mm/200 mm，得 5 分，其余酌情扣分	10			
工件装夹校正	工件划线准确、安装位置合理、夹持可靠、无偏斜、无夹伤，得 10 分，其余酌情扣分	10			
移距、对中心	对刀方法正确、合理、调整位置准确，得 10 分，其余酌情扣分	10			
工件尺寸	球面半径尺寸 20 mm、球心位置 14 mm 均合格，得 20 分，超差酌情扣分	20			
工件形状参数	球面形状准确，得 10 分，其余酌情扣分	10			
表面粗糙度	内球表面表面粗糙度≤$Ra3.2$ μm，得 10 分，超差酌情扣分	10			
安全文明生产	严格遵守安全文明生产的规定，得 5 分，如有违反酌情扣分；若出现设备、生产事故，可加倍扣分，成绩判为不及格	5			
指导教师评价	指导教师：　　年　月　日				

四、课后小结

根据铣削手柄盖板冠状内球面的实际工作情况进行小结。

任务3　钻、铰手柄盖板上的小孔

一、工作任务

铣床上经常会遇到孔类零件的加工。对于孔类零件，一般根据其尺寸大小和精度要求等内容，采用钻孔、铰孔、镗孔等加工方法进行加工。

钻、铰手柄盖板上的小孔的基本工艺步骤如下：

1. 刃磨麻花钻。
2. 涂色划线并打样冲眼。
3. 装夹工件。
4. 钻孔与铰孔。

二、任务实施

学习环节	学习过程和内容
新课准备	麻花钻头与键槽铣刀有何异同？
理论学习	**一、钻孔、铰孔与镗孔的概念** 1. 钻孔为何使用麻花钻头，而不使用刚度更好的键槽铣刀进行？ 2. 铰刀的刀刃比麻花钻的刀刃多，所以可以采用较大的切削用量，这种说法对吗？

理论学习	3. 镗孔的精度和铰孔的精度相当，在铣床上主要用于加工何种类型的孔？ **二、麻花钻与钻孔时的切削用量** 1. 常用的麻花钻头是用何种材料制成的？麻花钻头切削时使用圆周刃还是锥面刃？ 2. 标准麻花钻头的顶角值为多大？顶角的大小对切削有何影响？ 3. 标准麻花钻头的前角有何特点？ **三、铰刀与铰孔时的铰削用量** 1. 手用铰刀各刀齿间的齿距在圆周上不是均匀分布的，有何作用？为什么？ 2. 铰刀的材料和麻花钻头的材料都采用高速钢，所以铰刀的切削用量应和钻削的切削用量相同，这种说法对吗？为什么？

理论学习

四、回转工作台及其功用

回转工作台的定数比分度头的定数大，所以它的分度精度比分度头高，这种说法对吗？为什么？

实践操作

分组完成如图 6—3 所示手柄盖板的钻削、铰削。

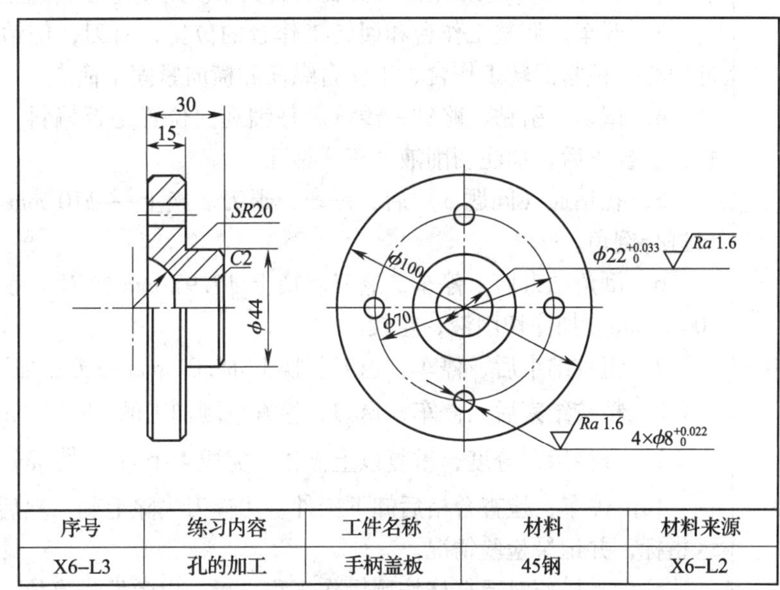

序号	练习内容	工件名称	材料	材料来源
X6–L3	孔的加工	手柄盖板	45钢	X6–L2

图 6—3　手柄盖板零件图

一、刃磨麻花钻

根据任务要求的尺寸选用 $\phi7.8$ mm 麻花钻头钻削 4 个 $\phi8^{+0.022}_{0}$ mm 的底孔。

将 $\phi7.8$ mm 麻花钻头根据工件材料选择正确的几何角度进行刃磨（问题1）。

注意：刃磨时要严格按照操作规程进行，以免造成钻头损坏或发生事故。

二、涂色划线并打样冲眼

同组同学相互配合，对照图样检查工件尺寸后，在工件表面涂色，按图样要求尺寸、位置进行划线，并用样冲打样冲眼。以便对刀、确定孔的位置和引钻。

注意：划线时，要认真细致、划准确。打样冲眼时，既准确又要用力适中，样冲眼既不要过深，也不要过浅。

实践操作	**三、装夹工件** 1. 同组同学相互配合，用棉纱擦净回转工作台底座和铣床工作台表面，将回转工作台安装在铣床工作台上。 2. 在回转工作台上安装一三爪自定心卡盘。校正三爪自定心卡盘，使之与回转工作台同轴（问题2）。 注意：安装回转工作台和三爪自定心卡盘时，要把各贴合面仔细擦拭干净，防止因棉纱、切屑或其他杂物，影响加工精度。 **四、钻孔与铰孔** 1. 同组同学相互配合，将夹头安装在铣床主轴中。 2. 将 $\phi7.8$ mm 麻花钻头安装在夹头中。调整主轴转速至955 r/min。 3. 开车，调整工作台和回转工作台的位置，对刀，使钻头的轴线对准样冲中心，锁紧回转工作台、工作台纵向和横向紧固手柄。 4. 试切、引钻，略钻一浅坑后仔细观察位置是否偏斜。若偏斜，则进行校正。校正后，加注切削液，正式钻孔。 5. 孔钻通（问题3）后，停车，退刀。换上一 $\phi10$ mm 左右钻头，对孔口进行倒角。 6. 倒角结束后，停车，退刀。换上 $\phi7.97$ mm 铰刀，将主轴转速调整至300 r/min。加注切削液，粗铰。 7. 粗铰结束后，停车，退刀。换上 $\phi8.01$ mm 铰刀，加注切削液，精铰。 8. 精铰结束后，停车，退刀，检查刚刚加工的 $\phi8^{+0.022}_{0}$ mm 孔是否合格。 9. 合格后，分度，重复以上操作，完成4个 $\phi8^{+0.022}_{0}$ mm 小孔的加工。 10. 停车，检查合格后卸下工件，用锉刀去除毛刺。然后综合检验各项技术指标，并记录检验情况。 注意：操作时要严格按照操作规程进行，以免发生事故。 问题1：刃磨麻花钻头应使用何种材料的砂轮？ 问题2：若三爪自定心卡盘与回转工作台不同轴，会出现何种问题？

实践操作	问题 3：孔刚刚钻通时需要注意什么问题？

三、任务测评

完成任务后先按表 6—3 进行自我测评，再请老师评价审核。

表 6—3　　加工情况测评表

工作内容	工作情况	配分	用时	检验情况	得分
钻头选择与刃磨	麻花钻头刃磨角度正确、过程合理，得 20 分，其余酌情扣分	20			
工件划线	工件划线合理、清晰、准确，得 5 分，其余酌情扣分	5			
回转工作台安装校正	回转工作台安装正确，得 5 分，其余酌情扣分 三爪自定心卡盘与回转工作台同轴，得 5 分，其余酌情扣分	10			
主轴转速调整	麻花钻头直径 $D=7.8$ mm 时，$n=955$ r/min，得 5 分，其余转速酌情扣分 铰刀直径 $D=8$ mm，$n=300$ r/min，$v_f=118$ mm/min，得 5 分，其余转速酌情扣分	10			
工件装夹校正	工件安装位置合理、夹持可靠、无偏斜、无夹伤，得 5 分，其余酌情扣分	5			
工件尺寸	四处孔的直径 $\phi 8^{+0.022}_{0}$ mm、孔中心距 $\phi 70$ mm 均合格，得 30 分，超差酌情扣分	30			
表面粗糙度	四处表面表面粗糙度 $\leqslant Ra1.6$ μm，得 10 分，超差酌情扣分	10			
安全文明生产	严格遵守安全文明生产的规定，得 10 分，如有违反酌情扣分；若出现设备、生产事故，可加倍扣分，成绩判为不及格	10			
指导教师评价	指导老师：　　　　　　　　　　　　　　　　年　月　日				

四、课后小结

根据手柄盖板上小孔的实际加工情况进行小结。

任务 4　加工手柄盖板上的其他孔

一、工作任务

镗孔可以不受标准刀具数量的影响，因此加工的尺寸范围很大，尺寸精度和位置精度也能达到较高要求。

镗孔加工的基本工艺步骤如下：

1．准备工作。

2．镗孔。

二、任务实施

学习环节	学习过程和内容
新课准备	镗孔时，需不需要钻底孔？如需钻底孔，一般加工到孔径尺寸的多少？
理论学习	**一、镗刀、镗刀杆、镗刀盘** 1．整体式镗刀磨损后，还能在铣床上继续使用吗？ 2．浮动式镗刀能否用来镗盲孔？为什么？

<table>
<tr>
<td>理论
学习</td>
<td>

3．用简易式镗刀杆和可调式镗刀杆分别镗孔，哪一种刀杆镗孔的精度高些？为什么？

二、镗刀杆和镗刀头的选择

选择镗刀杆和镗刀头时，需不需要考虑所镗孔的精度？为什么？

三、镗孔时对中心的方法

1．镗孔时对中心的精度高低，对孔的精度有何影响？

2．靠镗刀杆对中心法和测量对中心法，对所用镗刀杆有何要求？

</td>
</tr>
<tr>
<td>实践
操作</td>
<td>

分组完成如图 6—4 所示手柄盖板其他孔的加工。

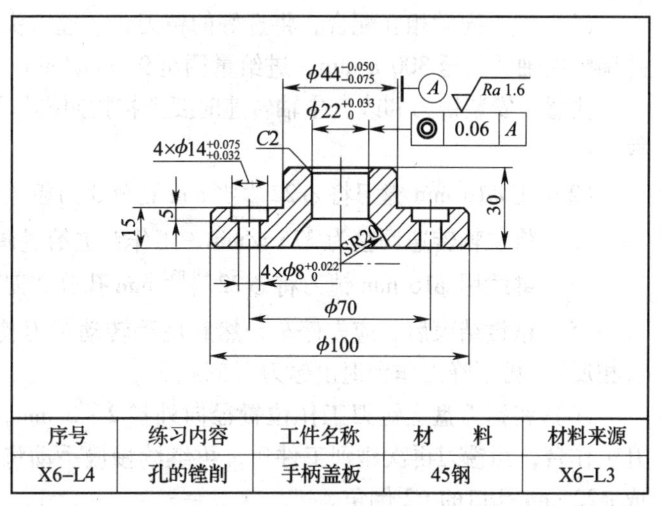

序号	练习内容	工件名称	材　　料	材料来源
X6–L4	孔的镗削	手柄盖板	45钢	X6–L3

图 6—4　手柄盖板其他孔的加工

</td>
</tr>
</table>

实践操作	**一、准备工作** 1. 同组同学相互配合，校正立铣头主轴零位，使其相对于工作台台面的垂直度误差，在回转直径 300 mm 的范围内应小于 0.02 mm（问题 1）。 2. 用棉纱擦净回转工作台底座和铣床工作台表面，将回转工作台安装在铣床工作台上。 3. 在回转工作台上安装一三爪自定心卡盘。校正三爪自定心卡盘与回转工作台同轴。 4. 将工件安装在三爪自定心卡盘上，应用环表法校正铣床主轴与工件圆柱面同轴。锁紧工作台纵向和横向紧固手柄（问题 2）。 5. 将 $\phi18$ mm 的麻花钻头安装在铣床主轴中。将 $\phi22^{+0.033}_{0}$ mm 孔预钻为 $\phi18$ mm。 注意：安装回转工作台和三爪自定心卡盘时，要把各贴合面仔细擦拭干净，防止因棉纱、切屑或其他杂物，影响加工精度。 **二、镗孔** 1. 镗孔时主轴转速和进给量的选择 $\phi22^{+0.033}_{0}$ mm 孔粗镗时：主轴转速选择为 300 r/min，工作台进给量选择为 95 mm/min。 $\phi22^{+0.033}_{0}$ mm 孔精镗时：主轴转速选择为 375 r/min，工作台进给量选择为 8 mm/min。 $\phi14^{+0.075}_{+0.032}$ mm 孔粗镗时：主轴转速选择为 475 r/min，工作台进给量选择为 150 mm/min。 $\phi14^{+0.075}_{+0.032}$ mm 孔精镗时：主轴转速选择为 600 r/min，工作台进给量选择为 12.5 mm/min。 2. 操作步骤 （1）同组同学相互配合，将选好的镗刀盘、镗刀头等依次安装到铣床上，并调整主轴转速至 300 r/min，进给量调至 95 mm/min。 注意：安装铣刀和改变主轴转速时要严格按照操作规程进行，以免发生事故。 （2）用 $\phi16$ mm 镗刀将 $\phi22^{+0.033}_{0}$ mm 孔分 3 刀粗镗至 $\phi21$ mm。 （3）将主轴转速调整为 375 r/min，工作台进给量调整为 8 mm/min。 （4）继续用 $\phi16$ mm 镗刀将 $\phi22^{+0.033}_{0}$ mm 孔分 2 刀精镗至要求。 （5）精镗结束后，应先停车，然后用手转动镗刀使刀尖面向自己（与床身相反），再下降工作台退出镗刀（问题 3）。 （6）将镗刀盘上镗刀工作位置径向外扩 2 ~ 3 mm，开车，并手动慢慢上升工作台，当镗刀再次碰到工件后，再继续慢慢手动将工作台上升 2 mm，完成 $\phi22$ mm 孔口的 $C2$ 倒角。

实践操作	注意：精镗时，应先试镗一刀，然后再根据测量的孔径，对镗刀进行调整，在孔口试镗合格后再完成整个孔的加工。 （7）松开工作台横向紧固手柄，将工作台横向调整 35 mm（即均布孔相对中心的半径），再锁紧横向紧固手柄。 （8）同组同学相互配合，将 ϕ8g7 校正心棒安装在铣床主轴中。 （9）松开回转工作台紧固手柄，转动回转工作台将已铰好的 ϕ8 mm 孔调整到与主轴同心，即主轴所夹持的 ϕ8g7 校正心棒能顺利进入铰好的 ϕ8H8 孔中时，锁紧回转工作台。 （10）同组同学相互配合，换装直径为 ϕ10 mm、主偏角 κ_r 等于 90°的整体镗刀（问题 4）。 （11）将主轴转速调为 475 r/min，工作台进给量调整为 150 mm/min。 （12）用 ϕ10 mm 镗刀将 $\phi 14^{+0.075}_{+0.032}$ mm 孔分 3 刀粗镗至 ϕ13 mm。 （13）将主轴转速调为 600 r/min，工作台进给量调整为 12.5 mm/min。 （14）继续用 ϕ10 mm 镗刀将 $\phi 14^{+0.075}_{+0.032}$ mm 孔分 2 刀精镗至要求。 （15）精镗结束后，应先停车，然后用手转动镗刀使刀尖面向自己（与床身相反），再降下工作台退出镗刀。 （16）完成一孔的加工后，利用回转工作台进行圆周分度，继续以上步骤完成其他 3 个 $\phi 14^{+0.075}_{+0.032}$ mm 孔的加工。 （17）停车，检查合格后卸下工件，用锉刀去除毛刺，然后综合检验各项技术指标，并记录检验情况。 注意：操作时要严格按照操作规程进行，以免发生事故。 问题 1：若立铣头主轴零位不准，会出现什么情况？ 问题 2：为何要锁紧不运动部位的手柄？ 问题 3：为何要停车后再使镗刀刀尖面向自己才能退刀？

实践操作	问题4：为何要采用主偏角 κ_r 等于90°的整体式镗刀镗削台阶孔？

三、任务测评

完成任务后先按表6—4进行自我测评，再请老师评价审核。

表6—4　　加工情况测评表

工作内容	工作情况	配分	用时	检验情况	得分
校正立铣头零位	立铣头“零位”校正≤0.02 mm/300 mm，得20分，其余酌情扣分	20			
校正三爪自定心卡盘与回转工作台同轴	回转工作台安装正确，得5分，其余酌情扣分 三爪自定心卡盘与回转工作台同轴，得5分，其余酌情扣分	10			
校正铣床主轴与工件同轴	主轴与工件同轴，得5分，其余酌情扣分	5			
主轴转速、工作台进给量调整	麻花钻头直径 $D=18$ mm时，$n=475$ r/min，得4分，其余转速酌情扣分 镗 $\phi22^{+0.033}_{0}$ mm孔时，粗镗 $n=300$ r/min，$v_f=95$ mm/min，得4分，其余转速酌情扣分；精镗 $n=375$ r/min，$v_f=8$ mm/min，得4分，其余转速酌情扣分 镗 $\phi14^{+0.075}_{+0.032}$ mm孔时，粗镗 $n=475$ r/min，$v_f=150$ mm/min，得4分，其余转速酌情扣分；精镗 $n=600$ r/min，$v_f=12.5$ mm/min，得4分，其余转速酌情扣分	20			
刀具调整、工件调整	镗刀调整准确合理，得5分，其余酌情扣分 工件位置准确，得5分，其余酌情扣分	10			
工件尺寸	一处孔的直径 $\phi22^{+0.033}_{0}$ mm合格，得5分，超差酌情扣分 四处孔的直径 $\phi14^{+0.025}_{+0.032}$ mm、孔中心距 $\phi70$mm均合格，得10分，超差酌情扣分	15			
工件表面质量	五处表面表面粗糙度≤$Ra1.6$ μm，得10分，超差酌情扣分	10			

续表

工作内容	工作情况	配分	用时	检验情况	得分
安全文明生产	严格遵守安全文明生产的规定，得 10 分，如有违反酌情扣分；若出现设备、生产事故，可加倍扣分，成绩判为不及格	10			
指导教师评价	指导教师：　　　　年　月　日				

四、课后小结

根据手柄盖板上其余小孔的加工完成情况进行小结。

项目七

铣削双孔曲面板及等速凸轮

任务1　加工双孔曲面板

一、工作任务

立式铣床上，常使用立铣刀对由圆弧或圆弧与直线组成的曲线外形零件进行铣削。铣削时，工件多使用压板安装在回转工作台上。

铣削双孔曲面板的基本步骤如下：

1. 对照图样划线，打样冲眼。
2. 安装并校正回转工作台。
3. 工件的装夹、校正。
4. 镗孔、铣削曲线外形，保证双孔曲面板的各项技术要求。

二、任务实施

学习环节	学习过程和内容
新课准备	如果工件为由规则圆弧组成的板形零件或主要由不规则曲线组成的板形零件，是否可采用相同的装夹、铣削方式？

<table>
<tr><td>理论
学习</td><td>
一、特形面的概念
在普通铣床上能加工何种特形面？应分别用何种铣床、何种铣刀进行铣削？

二、用回转工作台铣削曲面的工艺要求
用回转工作台铣削曲面时的工艺要求分别用来保证曲面加工的哪些要求？

三、用回转工作台铣削曲面的相关原则
用回转工作台铣削曲面的相关原则从哪几个方面保证了曲面的铣削质量？

四、回转工作台与铣床主轴同轴的校正
用顶尖校正法对中心时，对回转工作台中心所装心轴有何要求？

五、工件与回转工作台同轴的校正
校正工件与回转工作台同轴的目的是什么？
</td></tr>
</table>

实践操作

分组完成如图 7—1 所示双孔曲面板的铣削工作。

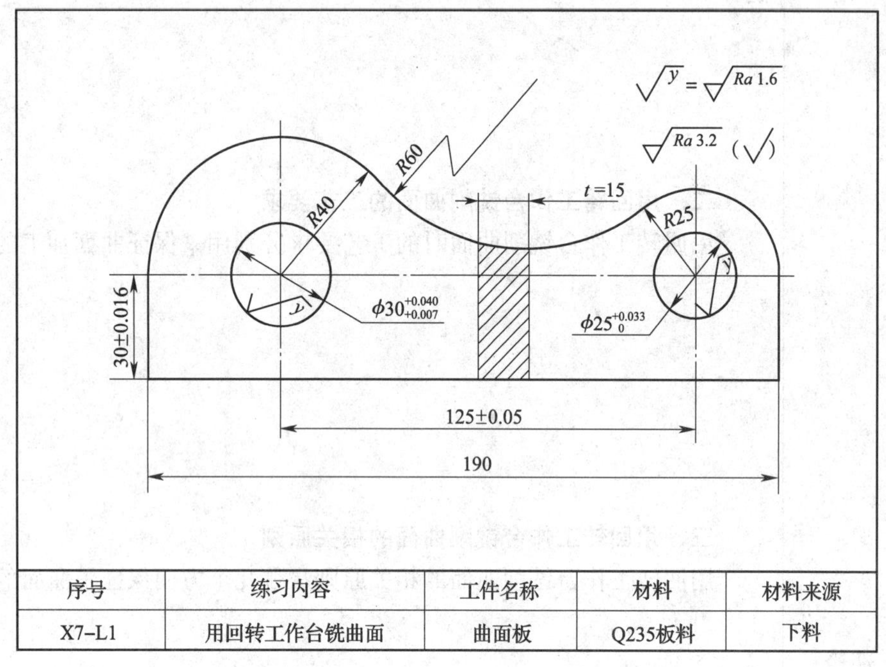

序号	练习内容	工件名称	材料	材料来源
X7–L1	用回转工作台铣曲面	曲面板	Q235板料	下料

图 7—1　双孔曲面板零件

一、对照图样划线、打样冲眼

同组同学相互配合，对照图样，在板料表面划出孔的位置和零件轮廓线。检查无误后，在孔的中心位置和轮廓线上打样冲眼。

注意：划线时，要认真细致、划准确。打样冲眼时，既准确又要用力适中，样冲眼既不要过深，也不要过浅。

二、用压板装夹工件，镗双孔（问题 1）

1. 同组同学相互配合，擦拭干净工件、铣床工作台工作面，选择适当宽度和厚度的两块等高垫铁，垫在工件下面，旋动 T 形螺栓，用压板将工件轻轻压实。用百分表校正工件侧面与工作台纵向进给平行后压紧工件。

2. 将 ϕ27 mm 麻花钻头安装在铣床主轴中。将主轴转速调整为 300 r/min。

3. 移动工作台，调整铣刀位置，对刀，锁紧工作台纵向、横向锁紧手柄。将工件上 $\phi 30^{+0.040}_{+0.007}$ mm 孔预钻为 ϕ27 mm。

4. 停车，退刀，纵向移动工作台 125 mm 至 $\phi 25^{+0.033}_{0}$ mm 孔的位置，锁紧工作台纵向、横向锁紧手柄。

5. 换上 ϕ23 mm 麻花钻头，将主轴转速调整为 375 r/min，将工件上 $\phi 25^{+0.033}_{0}$ mm 孔预钻为 ϕ23 mm。

实践操作	6．停车，退刀，将镗刀盘、镗刀安装在主轴中。采用测量法使镗刀杆对准 $\phi 25^{+0.033}_{0}$ mm 孔的中心。锁紧工作台纵向、横向锁紧手柄。进行粗镗和半精镗，为其精镗留 0.5 mm 余量，然后适当提高主轴转速，降低进给速度，精镗该孔至图样上 $\phi 25^{+0.033}_{0}$ mm 的尺寸要求（问题 2）。 7．镗好 ϕ25 mm 孔后，用百分表和量块精确控制工作台纵向移动 125 mm，再镗 ϕ30 mm 孔。将主轴转速调整为 300 r/min，进行粗镗和半精镗，为其精镗留 0.5 mm 余量，然后适当提高主轴转速，降低进给速度，精镗该孔至图样上 $\phi 30^{+0.040}_{+0.007}$ mm 的尺寸要求。 8．用量棒检测两孔中心距是否符合图样要求并记录。 注意：操作时要严格按照操作规程进行，以免发生事故。 **三、安装、校正回转工作台** 1．同组同学相互配合，用棉纱擦净回转工作台底座接合面和铣床工作台表面，将回转工作台紧固在工作台面上。 2．用环表法，将回转工作台的回转中心与铣床主轴轴线的同轴度校正到 0.02 mm 之内；记住此时工作台的纵、横向位置和手柄刻度及最终的移动方向，并做出标记（问题 3）。 注意：操作时要严格按照操作规程进行，以免发生事故。 **四、安装、校正工件，铣削曲面** 1．同组同学相互配合，用棉纱擦净回转工作台台面、垫铁和工件表面，将工件安装在回转工作台台面上。 2．调整工件位置，转动工作台，校正工件上 R60 mm 凹圆弧曲线与回转工作台回转圆弧重合后，紧固工件并再次复核一次。 3．装上直径为 25 mm 的铣刀，先粗铣，再进行精铣，完成 R60 mm 凹圆弧曲线的加工（问题 4、问题 5）。 4．同组同学相互配合，将 ϕ30h8 定位心轴安装在回转工作台中心孔中，利用工件上的孔将工件插入心轴中定位并压紧。 5．调整好与 R60 mm 凹圆弧相切的切入转角及主轴与工件的中心距。转动回转工作台铣出工件上 R40 mm 凸圆弧部分。 6．同组同学相互配合，将 ϕ25g8 定位心轴安装在回转工作台中心孔中，利用工件上的孔，将工件插入心轴中定位并压紧。 7．调整好与 R60 mm 凹圆弧相切的切入转角及主轴与工件的中心距。转动回转工作台铣出工件上 R25 mm 凸圆弧部分。 8．完成凸圆弧铣削后，卸下工件，用锉刀仔细去除毛刺后，综合检验各项技术指标，并记录检验情况。 注意：铣削结束时应检查圆弧与侧面直边或其他圆弧是否光滑连接。

实践操作	问题 1：为什么先加工双孔，后加工曲线外形？ 问题 2：精镗时提高切削速度、降低进给速度，有何目的？原因是什么？ 问题 3：记住工作台位置并在手柄刻度上做标记的目的是什么？ 问题 4：为什么先加工 $R60$ mm 凹圆弧，而不是其他两处凸圆弧？ 问题 5：按划线铣削圆弧时，曲线轮廓应加工到什么位置为止？

三、任务测评

完成任务后先按表 7—1 进行自我测评，再请老师评价审核。

表 7—1　　加工情况测评表

工作内容	工作情况	配分	用时	检验情况	得分
划线、打样冲眼	工件划线合理、清晰、准确，得 5 分，其余酌情扣分	5			
主轴转速调整	麻花钻头直径 $D=27$ mm 时，$n=300$ r/min，得 1 分，其余转速酌情扣分 麻花钻头直径 $D=23$ mm 时，$n=375$ r/min，得 1 分，其余转速酌情扣分 镗 $\phi 25^{+0.033}_{0}$ mm 孔时，粗镗 $n=375$ r/min，$v_f=95$ mm/min，其余转速酌情扣分；精镗 $n=475$ r/min，$v_f=30$ mm/min，得 3 分，其余转速酌情扣分 镗 $\phi 30^{+0.040}_{+0.007}$ mm 孔时，粗镗 $n=300$ r/min，$v_f=75$ mm/min，其余转速酌情扣分；精镗 $n=375$ r/min，$v_f=23.5$ mm/min，得 3 分，其余转速酌情扣分 立铣刀直径 $D=25$ mm 时，$n=375$ r/min，得 2 分，其余转速酌情扣分	10			
工件装夹与调整	压板位置合理、垫铁高度合理、压紧可靠，得 10 分，其余酌情扣分	10			
钻孔、镗孔	钻孔、镗孔过程合理，处置得当，得 5 分，其余酌情扣分	5			
双孔尺寸	孔的直径 $\phi 30^{+0.040}_{+0.007}$ mm、$\phi 25^{+0.033}_{0}$ mm、中心距（125 ±0.05）mm、定位尺寸（30 ±0.016）mm 均合格，得 10 分，超差酌情扣分	10			
回转工作台的校正	回转工作台安装正确，得 5 分，其余酌情扣分 回转工作台与立铣头同轴，得 5 分，其余酌情扣分	10			
工件的定位与调整	工件位置正确、调整得当，得 5 分，其余酌情扣分	5			
圆弧曲线尺寸	圆弧的半径 $R60$ mm、$R40$ mm、$R25$ mm 均合格，得 15 分，超差酌情扣分	15			
圆弧曲线外形	曲线外形准确、无缺陷，得 10 分，其余酌情扣分	10			
表面粗糙度	两处表面表面粗糙度≤$Ra1.6$ μm，得 6 分，超差酌情扣分 三处表面表面粗糙度≤$Ra3.2$ μm，得 9 分，超差酌情扣分	15			
安全文明生产	严格遵守安全文明生产的规定，得 5 分，如有违反酌情扣分；若出现设备、生产事故，可加倍扣分，成绩判为不及格	5			
指导教师评价	指导教师：　　　　年　月　日				

四、课后小结

根据双孔曲面板的实际加工情况进行小结。

任务2　铣削等速盘形凸轮

一、工作任务

在立式铣床上多使用立铣刀对等速盘形凸轮零件进行铣削。工件的装夹使用心轴安装在分度头或回转工作台上。铣削时通过配换齿轮将工作台直线进给运动与分度头的圆周进给运动连接起来，实现铣削所需要的匀速螺旋进给运动。

完成等速盘形凸轮铣削的基本加工步骤如下：

1. 根据图样要求划线，粗铣外形。
2. 计算铣削参数。
3. 安装工件、配换齿轮，做好加工准备。
4. 精铣凸轮廓形，保证凸轮的各项技术要求。

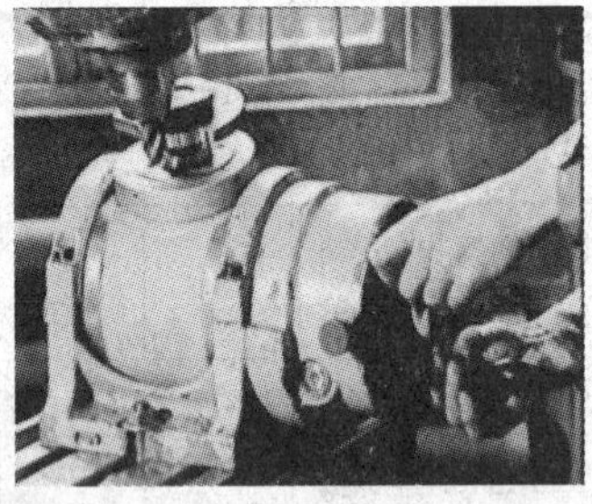

二、任务实施

学习环节	学习过程和内容
新课准备	能否用铣曲线外形零件的方法铣削等速凸轮？为什么？

理论学习	**一、等速盘形凸轮的特点** 等速凸轮有哪三要素？它们之间有何关系？ **二、配换齿轮的配置** 铣削等速盘形凸轮时配换齿轮有何作用？配换齿轮的转向对铣削有何影响？ **三、等速盘形凸轮的铣削方法** 1. 等速盘形凸轮铣削时如何保证铣削时始终处于逆铣状态？ 2. 垂直铣削法和倾斜铣削法，这两种铣削等速盘形凸轮的方法，哪一种加工范围更广些？为什么？ 3. 若等速盘形凸轮由几条不同导程的曲线组成，选取假设导程 $P_{h假}$ 时有何要求？

实践操作

分组完成如图 7—2 所示等速盘形凸轮的铣削。

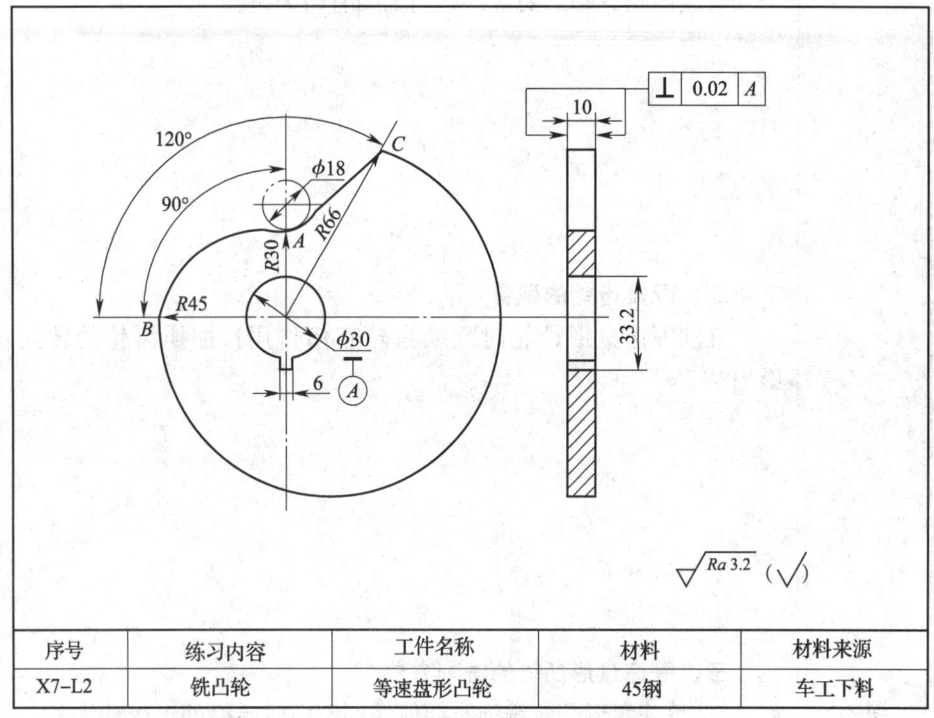

序号	练习内容	工件名称	材料	材料来源
X7–L2	铣凸轮	等速盘形凸轮	45钢	车工下料

图 7—2　等速盘形凸轮零件

一、划线、打样冲眼

同组同学相互配合，对照图样，将板料表面进行涂色，采用“等分描点法”划出等速凸轮的轮廓线（问题 1）。检查无误后，在轮廓线上打样冲眼。

注意：划线时，要认真细致、划准确。打样冲眼时，既准确又要用力适中，样冲眼既不要过深，也不要过浅。

二、装夹工件、粗铣外形

1．擦拭干净工件、铣床工作台工作面，选择适当宽度和厚度的垫铁垫在工件下面，旋动 T 形螺栓，用压板将工件压紧。

注意：装夹时，应使垫铁和压板避开加工部位安装。

2．同组同学相互配合，将 ϕ18 mm 立铣刀安装在铣床主轴中。将主轴转速调整为 475 r/min。

3．双手同时操纵横向、纵向手柄，协调配合，双眼密切注视切削部位，使铣刀切削刃始终与划线均匀保留 2 mm 左右，将凸轮的曲线部分轮廓粗铣完成（问题 2）。

4．停车，退刀，将凸轮上直线部分调整与工作台纵向进给方向平行，夹紧后，将凸轮上直线型面部分按划线直接铣出。

5．停车，退刀，卸下工件，用锉刀去除毛刺。对照划线检查铣削情况并记录。

实践操作	注意：操作时要严格按照操作规程进行，以免发生事故。 **三、精铣凸轮的相关计算** 同组同学相互配合，对应用倾斜铣削法铣削等速盘形凸轮所涉及的数据进行以下计算： 工件平面螺旋面导程： $$P_{hAB} = \frac{360H_{AB}}{\theta_{AB}} = \frac{360}{90} \times 15 = 60\text{（mm）}$$ $$P_{hBC} = \frac{360H_{BC}}{\theta_{BC}} = \frac{360}{240} \times 21 = 31.5\text{（mm）}$$ 设定假定导程 $P_{h假}$、计算配换齿轮： 设假定导程 $P_{h假} = 70$ mm 得到以下配换齿轮： $$\frac{z_1 z_3}{z_2 z_4} = \frac{240}{P_{h假}} = \frac{240}{70} = \frac{100 \times 60}{25 \times 70}$$ 计算分度头仰角： 铣 AB 段时： $$\sin\alpha_{AB} = \frac{P_{hAB}}{P_{h假}} = \frac{60}{70} = 0.857\ 14$$ $$\alpha_{AB} = 59°$$ 铣 BC 段时： $$\sin\alpha_{BC} = \frac{P_{hBC}}{P_{h假}} = \frac{31.5}{70} = 0.45$$ $$\alpha_{BC} = 26°45'$$ 计算立铣头偏转角度： 铣 AB 段时： $$\beta_{AB} = 90° - \alpha_{AB} = 90° - 59° = 31°$$ 铣 BC 段时： $$\beta_{BC} = 90° - \alpha_{BC} = 90° - 26°45' = 63°15'$$ 铣刀长度： $l = B + H_{BC}\cot\alpha_{BC} + (5 \sim 10) = 10 + 21\cot26°45' + (5 \sim 10) = 51.7 + 8.3 = 60$（mm） 选用直径为 $\phi18$ mm、长度为 60 mm 的立铣刀进行铣削。 **四、精铣的加工准备** 1. 同组同学相互配合，将所选立铣刀安装到 X6132 万能铣床的万能立铣头中。 2. 同组同学相互配合，将带键专用心轴安装在分度头主轴前端，并检测其径向跳动量是否合格。然后在分度头主轴后端用拉杆将心轴紧固；再将工件以内孔定位，用螺母压紧（问题 3）。

实践操作	3. 同组同学相互配合，按照划线将工件0°位置调整到分度头的正上方。 4. 同组同学相互配合，将配换齿轮按照以下顺序安装：将 z_1 安装于工作台丝杠上，z_4 安装于分度头的侧轴上，z_2 和 z_3 安装在挂轮架上，并检查旋转方向与移动方向之间的关系是否正确（问题4）。 5. 同组同学相互配合，将分度手柄插销拔出分度孔盘后，调整工作台，使立铣刀轴线与分度头轴线在纵向进给方向的同一平面内（问题5）。 6. 同组同学相互配合，调整立铣头，使其主轴倾斜31°。 7. 同组同学相互配合，调整分度头，使其主轴仰起59°。 8. 移动工作台使立铣刀与工件0°位置相接触，记录升降台刻度读数，并将分度手柄插销插入分度盘孔中。做好精铣前的各项工作。 **五、精铣凸轮** 1. 开车，利用升降进给进刀后，将横向和升降进给机构锁紧，即可用双手转动分度手柄进刀铣削 *AB* 段（0°~90°，手柄转过10转）使凸轮工作型面符合要求。 注意：通过升降台来进刀、退刀时，由于进刀方向与实际进刀量之间成 α 角，所以进刀时升降台上升量要大于实际进刀量。进刀时径向进刀量 $T_{径}$ 与升降台进刀量 $T_{升}$ 间的关系为： $$T_{径} = T_{升}\sin\alpha$$ 2. 同组同学相互配合，重新调整分度头仰角和立铣头偏转角度，以同样的方法完成 *BC* 段凸轮工作型面的铣削。 3. 完成凸轮铣削后，卸下工件，用锉刀仔细去除毛刺后，综合检验各项技术指标，并记录检验情况。 注意：操作时要严格按照操作规程进行，以免发生事故。 问题1：如何才能保证精确地划出凸轮的轮廓线？ 问题2：双手配合铣削曲线轮廓时需要注意哪些方面的问题？

<table>
<tr><td>实践
操作</td><td>问题3：工件安装时，是否要注意正反面？为什么？

问题4：如果工件的旋转方向与进给方向不一致，配换齿轮应如何调整？

问题5：为什么此时调整工作台的位置，需要将分度手柄插销拔出分度孔盘？</td></tr>
</table>

三、任务测评

完成任务后先按表7—2进行自我测评，再请老师评价审核。

表7—2　　加工情况测评表

工作内容	工作情况	配分	用时	检验情况	得分
划线、打样冲眼	工件划线合理、清晰、准确，得5分，其余酌情扣分	5			
主轴转速调整	立铣刀直径 $D=18$ mm时，$n=475$ r/min，得5分，其余转速酌情扣分	5			
工件装夹与调整	压板位置合理、垫铁高度合理、压紧可靠，得5分，其余酌情扣分	5			
粗铣凸轮曲线	双手联合铣削外形，过程合理，处置得当，得15分，其余酌情扣分	15			
铣削数据计算	工件导程 $P_{hAB}=60$ mm、$P_{hBC}=31.5$ mm，计算准确，得5分，其余不得分 假设导程 $P_{h假}=70$ mm，配换齿轮 $z_1=100$、$z_2=70$、$z_3=60$、$z_4=25$，得10分，其余若准确合理得10分，不准确不得分	15			

续表

工作内容	工作情况	配分	用时	检验情况	得分
分度头安装校正	分度头安装校正准确合理，得5分，其余酌情扣分	5			
工件定位调整	工件位置正确、调整得当，得5分，其余酌情扣分	5			
配换齿轮安装调整	配换齿轮安装调整合理，得5分，其余酌情扣分	5			
主轴、工件位置调整	铣床主轴、工件位置调整合理，得10分，其余酌情扣分	10			
凸轮曲线尺寸	工件导程 $P_{hAB}=60$ mm、$P_{hBC}=31.5$ mm 尺寸准确，得10分，超差酌情扣分	10			
凸轮曲线外形	曲线外形准确、无缺陷，得10分，其余酌情扣分	10			
表面粗糙度	表面粗糙度≤$Ra3.2$ μm，得5分，超差酌情扣分	5			
安全文明生产	严格遵守安全文明生产的规定，得5分，如有违反酌情扣分；若出现设备、生产事故，可加倍扣分，成绩判为不及格	5			
指导教师评价	指导教师：　　　　年　月　日				

四、课后小结

根据等速盘形凸轮的实际加工情况进行小结。

任务3　铣削等速圆柱凸轮

一、工作任务

等速圆柱凸轮的铣削大多是在立式铣床或卧式铣床上用立铣刀或键槽铣刀进行铣削。工件的装夹，常采用分度头直接装夹或使用分度头、心轴、尾座等一夹一顶的形式进行装夹。

完成等速圆柱凸轮铣削的基本加工步骤如下：

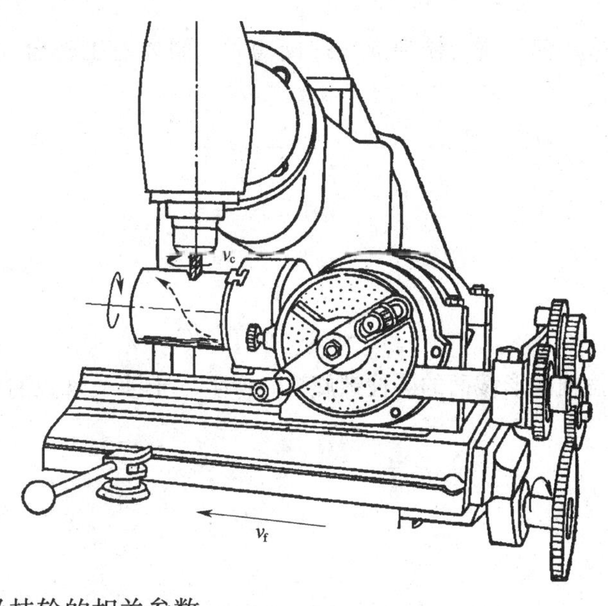

1. 计算导程及挂轮的相关参数。
2. 选择铣刀，装夹调整工件。
3. 铣削与检测凸轮槽。

二、任务实施

学习环节	学习过程和内容
新课准备	等速圆柱凸轮与等速盘形凸轮有何异同？
理论学习	**一、圆柱螺旋槽的概念** 圆柱螺旋线有哪些主要参数？它们之间有何关系？ **二、圆柱螺旋槽的铣削工艺** 1. 加工圆柱螺旋槽对所用铣刀有何要求？

理论学习	2．采用何种铣刀铣削圆柱螺旋槽时，需要对工作台在水平面进行偏转？为什么？ 3．铣削矩形截面的圆柱螺旋槽时产生“干涉”现象的原因是什么？ **三、等速圆柱凸轮及其铣削** 1．等速盘形凸轮和等速圆柱凸轮的工作曲线分别是什么？ 2．等速圆柱凸轮的导程计算，有哪三种方法？如何计算？ 3．铣削等速圆柱凸轮时为何还要采用主轴挂轮法？主轴挂轮法有何特点？

实践操作

分组完成如图 7—3 所示等速圆柱凸轮的铣削。

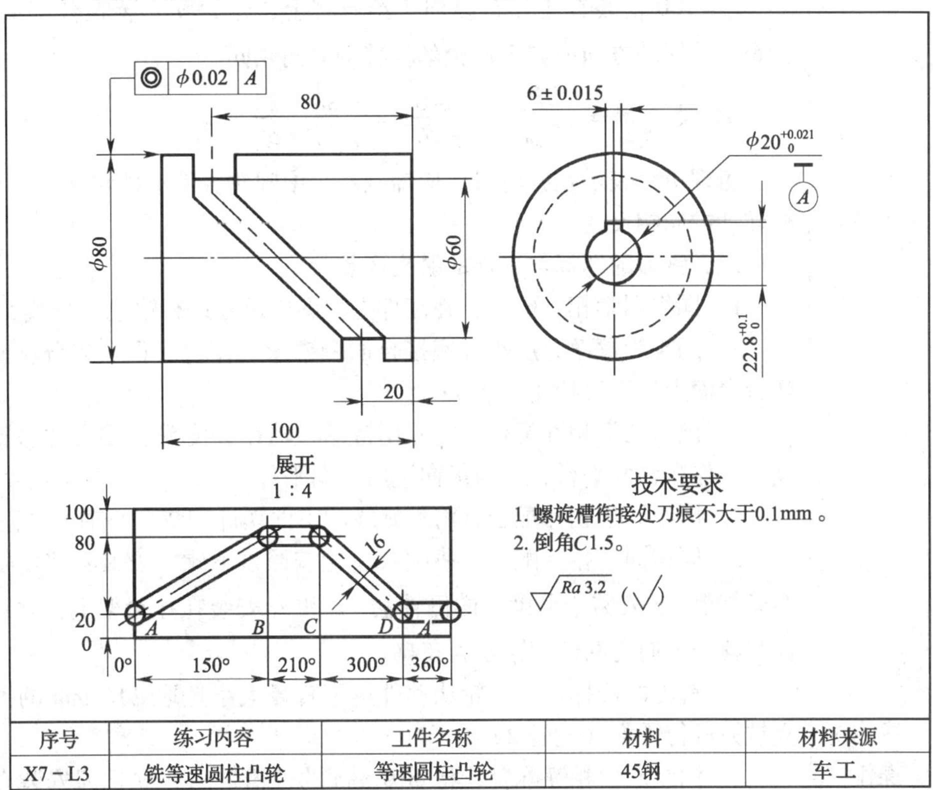

序号	练习内容	工件名称	材料	材料来源
X7－L3	铣等速圆柱凸轮	等速圆柱凸轮	45钢	车工

图 7—3　等速圆柱凸轮零件

一、工艺分析与铣削的相关计算

由于本任务工件为由 4 段圆柱螺旋槽组成的工件，其槽宽为从动件滚子的直径 $\phi 16$ mm。工作曲线 AB 段，升高量 $H_{AB}=60$ mm，升角 $\theta_{AB}=150°$；BC 段为环形槽，升高量 $H_{BC}=0$，$\theta_{BC}=60°$；CD 段为回程段，使从动件回到初始位置，$H_{CD}=-60$ mm，回程角 $\theta_{CD}=90°$；DA 段也是环形槽，$H_{AD}=0$，$\theta_{DA}=60°$。这样在进行导程计算和配换齿轮的配置上，都要按不同工作曲线处理（问题 1）。

导程计算：

$$P_{hAB}=\frac{360}{\theta_{AB}}H_{AB}=\frac{360}{150}\times 60=144\ (\text{mm})$$

$$P_{hCD}=\frac{360}{\theta_{CD}}H_{CD}=\frac{360}{90}\times(-60)=-240\ (\text{mm})$$

$$P_{hBC}=P_{hDA}=0$$

注意：计算中出现的负号，表示螺旋槽旋向不同。

配换齿轮计算：

$$AB\text{ 段：}\frac{z_1z_3}{z_2z_4}=\frac{40P_{丝}}{P_{hAB}}=\frac{240}{144}=\frac{5}{3}=\frac{100\times 60}{40\times 90}$$

实践操作	$z_1=100$ 安装在工作台纵向进给丝杠上，$z_4=90$ 安装在分度头的侧轴上，检查工件转动方向应与工作台丝杠转动方向相同。 CD 段：$\frac{z_1 z_3}{z_2 z_4}=\frac{40P_{丝}}{P_{hCD}}=\frac{240}{-240}=-\frac{80\times25}{40\times50}$ 出现负号表示在挂轮时，应增减一个中间轮，使工件转动方向与工作台丝杠转动方向相反。 **二、铣刀的选择与工件的装夹调整** 1. 同组同学相互配合，在坯件上按图样尺寸进行涂色、划线、打样冲眼。 2. 用棉纱擦净分度头底座接合面和铣床工作台表面。将分度头紧固在工作台台面上并进行校正。 3. 同组同学相互配合，将专用带键心轴在分度头上装夹并进行校正，使其与工作台台面平行，且与纵向进给方向平行。 4. 同组同学相互配合，将划好线的工件坯件安装在心轴上并检查跳动量。 5. 同组同学相互配合，将配换齿轮按照以下顺序安装：将 z_1 安装于工作台丝杠上，z_4 安装于分度头的侧轴上，z_2 和 z_3 安装在挂轮架上，并检查旋转方向与移动方向之间的关系是否正确。 6. 铣刀的选择。按凸轮从动件滚子直径大小选取 $\phi16$ mm 的键槽铣刀或立铣刀进行铣削（问题 2）。 7. 同组同学相互配合，将 $\phi16$ mm 的键槽铣刀或立铣刀安装在铣床主轴中。 8. 同组同学相互配合，按划线将铣刀调整至 A 处，并使铣刀轴线通过工件轴线呈垂直相交。 注意：若挂轮后再调整位置，需将分度插销拔出分度孔盘后进行调整。 **三、凸轮槽的铣削与检测** 1. 铣削 AB 段 铣刀对准 A 处后，锁紧工作台横向进给锁紧手柄，上升工作台调整切深 $a_p=10$ mm，用手逆时针方向摇动工作台纵向丝杠或作同向的自动进给，铣削 AB 段凸轮槽至 B 处（问题 3）。 2. 铣削 BC 段 AB 段铣好后，锁紧工作台纵向进给锁紧手柄。拔出分度插销，根据 $\theta_{BC}=60°$，在 54 孔的孔圈上缓慢、匀速摇动分度手柄 6 圈又 36 个孔距，铣削 BC 段至 C 处。停车，松开纵向进给紧固螺钉，并锁紧分度头主轴（问题 4）。 3. 铣削 CD 段 更换安装第二组配换齿轮（注意加 1 个中间轮），松开分度头主轴锁紧手柄，先拔出分度插销，反摇丝杠手柄，以消除间隙。然后将分度插销插回孔盘。开车，用与铣 AB 段时相反的方向进给铣削 CD 段至 D 处。

实践操作	4. 铣削 *DA* 段 *CD* 段加工好后，再次锁紧工作台纵向进给，拔出分度插销，按 $\theta_{DA}=60°$，同样在 54 孔的孔圈上缓慢、匀速摇动分度手柄 6 圈又 36 个孔距，手动进给铣削 *DA* 段至 *A* 处。切痕接齐后，降下工作台、停车并松开纵向进给紧固螺钉。 停车后，观察加工部位情况并进行初步检验，基本合格后卸下工件，用锉刀仔细去除毛刺后，综合检验各项技术指标，并记录检验情况。 注意：操作时要严格按照操作规程进行，以免发生事故。 问题 1：配换齿轮配置时，能否与上一任务一样，采用相同的配换齿轮？ 问题 2：为什么铣刀的选择要按凸轮从动件滚子直径大小选取？ 问题 3：铣削螺旋槽时，分度头各锁紧装置应如何配置？ 问题 4：松开纵向进给紧固螺钉，并锁紧分度头主轴有何目的？

三、任务测评

完成任务后先按表 7—3 进行自我测评，再请老师评价审核。

表 7—3　　加工情况测评表

工作内容	工作情况	配分	用时	检验情况	得分
铣削数据计算	工件导程 $P_{hAB}=144$ mm、$P_{hBC}=-240$ mm，计算准确，得 10 分，其余不得分 配换齿轮：AB 段 $z_1=100$、$z_2=90$、$z_3=60$、$z_4=40$，BC 段 $z_1=80$、$z_2=50$、$z_3=25$、$z_4=40$，得 10 分，其余若准确合理得 10 分，不准确不得分	20			
划线、打样冲眼	工件划线合理、清晰、准确，得 5 分，其余酌情扣分	5			
分度头安装校正	分度头安装校正准确合理，得 5 分，其余酌情扣分	5			
配换齿轮的安装调整	配换齿轮安装调整合理，得 10 分，其余酌情扣分	10			
铣刀的选择调整	立铣刀直径 $D=16$ mm 时，$n=600$ r/min，得 5 分，其余转速酌情扣分	5			
工件的安装调整	工件位置正确、调整得当，得 5 分，其余酌情扣分	5			
凸轮曲线尺寸	工件导程 $P_{hAB}=144$ mm、$P_{hBC}=-240$ mm 尺寸准确，得 20 分，超差酌情扣分	20			
凸轮曲线外形	曲线外形准确、无缺陷，得 20 分，其余酌情扣分	20			
表面粗糙度	表面粗糙度≤$Ra3.2$ μm，得 5 分，超差酌情扣分	5			
安全文明生产	严格遵守安全文明生产的规定，得 5 分，如有违反酌情扣分；若出现设备、生产事故，可加倍扣分，成绩判为不及格	5			
指导教师评价	指导教师：　　　　年　月　日				

四、课后小结

根据等速圆柱凸轮的实际加工情况进行小结。

项目八

铣床的常规调整与一级保养

任务1　铣床的常规调整

一、工作任务

铣床在使用过程中，有时会由于各运动部件的零件之间产生松动、位移以及磨损等，而无法满足各种铣削方式的需要和零件加工精度的要求。因此，在日常使用过程中，需要经常对工作台丝杠轴向的间隙、铣床各进给导轨的间隙进行调整。

铣床常规调整的基本内容包括以下几方面：

1. 调整铣床主轴间隙。
2. 调整工作台丝杠轴向间隙。
3. 调整铣床各进给导轨间隙。

二、任务实施

学习环节	学习过程和内容
新课准备	铣床的常规调整是否需要维修人员协助进行？
理论学习	**一、X6132 铣床主轴变速箱的构造** 1．X6132 铣床的主轴为了保证有足够的加工精度、刚度和抗振动能力，采用了何种结构？

理论 学习	2. X6132 铣床为什么使用弹性联轴器连接电动机轴与轴Ⅰ？ **二、X5032 铣床立铣头的结构** X5032 铣床的主轴套筒可以上下移动，其移动结束后的锁紧是如何实现的？ **三、X6132 铣床工作台的结构** X6132 铣床的纵向自动进给是如何实现的？
实践 操作	分组完成铣床主轴间隙、工作台纵向丝杠轴向间隙和各进给导轨间隙的调整。 **一、铣床主轴间隙调整** 1. X6132 型卧式万能铣床主轴间隙的调整 同组同学相互配合，对 X6132 型卧式万能铣床的主轴间隙进行调整： （1）断开电源总开关，旋松横梁的紧固螺栓，将横梁移至床身后部，拆下横梁下的盖板和床身右侧的盖板。 （2）松开主轴中部轴承后调节螺母上的紧固螺钉，拧动调节螺母调整轴承内圈、滚柱和外圈之间的间隙。 （3）检测时以 200 N 的力推、拉主轴，测得主轴端面圆跳动应在 0 ~ 0.015 mm 范围内变动。通电试车，使机床主轴在 1 500 r/min 的转速下空车运转 1 h，轴承温度不超过 60℃为合适。 （4）轴承间隙调整好后，重新锁紧调节器螺母上的紧固螺钉、盖好盖板，并使横梁复位。 （5）通电试车，检测间隙调整情况是否符合要求。若不符合要求，重新调整直至合格（问题 1）。 2. X5032 型立式铣床主轴间隙的调整 同组同学相互配合，对 X5032 型立式铣床的主轴间隙进行调整：

实践操作	（1）轴承径向间隙的调整 1）断开电源总开关，拆下铣头侧面的专用调整孔盖板，松开主轴上的锁紧螺钉，拧松调整螺母。 2）拆下主轴头部下面的端盖，取下由两个半圆环构成的垫片。根据检测的间隙的多少，配磨垫片（问题2）。 3）将修磨后的垫片重新装回主轴，然后用较大的扭矩拧紧调整螺母，使轴承内圈胀开，直到把垫片压紧为止。 4）把锁紧螺钉拧紧，以防调整螺母松动，然后装上端盖和专用调整孔盖板。 5）通电试车，检测间隙调整情况是否符合要求。若不符合要求，重新调整直至合格。 （2）轴承轴向间隙的调整一般需要维修人员配合进行。 注意：操作时要严格按照操作规程进行，以免发生事故。 **二、铣床工作台纵向丝杠轴向间隙的调整** 同组同学相互配合，对 X6132 型卧式万能铣床或 X5032 型立式铣床的工作台纵向丝杠轴向间隙进行调整： 1. 工作台丝杠与螺母之间间隙的调整 （1）断开电源总开关，卸下工作台鞍座前面的盖板，松开锁紧压板上的三个紧固螺钉。 （2）顺时针转动调节蜗杆，带动外圆为蜗轮的可调螺母旋转，使丝杠与螺母之间的间隙消除（问题3）。 （3）摇动手轮，检测工作台移动时是否松紧适当，有无卡住现象；反摇手轮时空转量小于刻度盘上的3格（0.15 mm）。若需要进行顺铣，反向空转量应小于2格（0.10 mm）。 （4）间隙调整好后，拧紧锁紧压板上的三个紧固螺钉，固定调整好的位置，最后装好盖板。 2. 工作台纵向传动丝杠与端面轴承之间间隙的调整 （1）断开电源总开关，卸下手轮，然后卸下螺母和刻度盘，扳直止动垫圈的卡爪，用C形扳手松开螺母，转动螺母调节丝杠轴向间隙。一般轴向间隙量以0.01~0.02 mm为宜。 （2）拧紧螺母，并反向旋转螺母，使两螺母压紧，套上手轮，摇动检验其间隙是否合适。 （3）调整合适后，压下扣紧止动垫圈上的卡爪，再装上刻度盘和螺母，最后装好手轮。 注意：操作时要严格按照操作规程进行，以免发生事故。 **三、铣床各进给导轨间隙的调整** 同组同学相互配合，对 X6132 型卧式万能铣床或 X5032 型立式铣床各进给导轨的间隙进行调整：

实践操作	1. 纵向进给导轨间隙的调整 松开螺母和锁紧螺母，拧动调整螺杆，带动楔铁推进或拉出，达到间隙减小或增大的目的。间隙的大小以进给手轮用 147 N 的力能摇动为宜。 2. 横向和升降导轨间隙的调整 直接旋动调整螺杆就可带动镶条进退来调整横向和升降导轨间隙的大小。 间隙大小仍用转动手轮的方法测试，横向以 147 N 的力能摇动为宜；升降（上升）以 196 ~ 235 N（20 ~ 24 kg）的力能摇动为宜。 注意：操作时要严格按照操作规程进行，以免发生事故。 问题 1：拆下零件、部件的顺序与安装零件、部件的顺序有何不同？ 问题 2：试说明磨配垫片调整间隙的原理。 问题 3：若铣床纵向丝杠螺母中间磨损严重，如何调整间隙？

三、任务测评

完成任务后先按表 8—1 进行自我测评，再请老师评价审核。

表 8—1 调整情况记录表

工作内容	工作情况	配分	用时	检验情况	得分
铣床主轴间隙调整	铣床主轴间隙调整合理，得 30 分，其余酌情扣分	30			
工作台纵向传动丝杠与螺母间隙调整	工作台纵向传动丝杠与螺母间隙调整合理，得 15 分，其余酌情扣分	15			
工作台纵向传动丝杠与端面轴承间隙调整	工作台纵向传动丝杠与端面轴承间隙调整合理，得 15 分，其余酌情扣分	15			
纵向导轨间隙调整	纵向导轨间隙调整合理，得 10 分，其余酌情扣分	10			
横向导轨间隙调整	横向导轨间隙调整合理，得 10 分，其余酌情扣分	10			
升降导轨间隙调整	升降导轨间隙调整合理，得 10 分，其余酌情扣分	10			
安全文明生产	严格遵守安全文明生产的规定，得 10 分，如有违反酌情扣分；若出现设备、生产事故，可加倍扣分，成绩判为不及格	10			
指导教师评价	指导教师： 年 月 日				

四、课后小结

根据实际操作完成情况进行小结。

任务 2　铣床的一级保养

一、工作任务

铣床的一级保养，是一项定期对铣床进行综合维护和保养的工作。一级保养时，操作者需要在机床维修工的配合下完成各项工作。

一级保养的基本操作步骤如下：

1. 操作准备。
2. 清洗保养。
3. 综合检查。
4. 通电试车。

二、任务实施

学习环节	学习过程和内容
新课准备	为什么要对铣床进行一级保养？能不能用常规保养和调整代替一级保养？
理论学习	（见下表）

保养内容	要　求
机床外观	擦洗铣床的各表面、防护罩及死角，应清洁无油垢；检查铣床外部应无缺件，如手柄胶木球、紧固螺钉等，缺损应及时修配
进给系统	清洗工作台纵横向丝杠和升降台丝杠、螺母，保证工作台各润滑表面无毛刺、无划伤，且表面清洁。调整导轨镶条、丝杠和螺母之间的间隙应适当，丝杠与工作台两端轴承间隙适当
专用附件	清洗横梁、挂架、立铣头，使其表面清洁无油垢，并对立铣头内部清洁、更换润滑脂
润滑系统	清洗并检查各油孔、油杯、油线、油毡、油路、油标等，均应齐全、清洁，油路畅通，油标醒目，油质、油量均符合要求
冷却系统	清洗并检查冷却泵、过滤网、切削液槽、箱等，要清洁，无铁屑及沉淀的杂物，冷却管路应牢固、畅通、清洁、无泄漏
电气系统	断电清扫，使电动机、电气箱内外无积尘、油垢；检查蛇皮管应无脱落，接地牢固、可靠，照明设备齐全、清洁
其他	清洗台虎钳、分度头等附件，并进行润滑、涂防锈油；清洁整理工具箱内外及机床周围环境，做到合理、整洁、有序

实践操作	**一、操作准备** 同组同学相互配合，将准备好的拆装工具（内六角扳手、C 字形扳手、一字和十字旋具等）、清洗剂、润滑油料、清洗盆、放置机件的盘子和必要的备件等合理放置在工作场地。切断铣床外部电源。 注意：操作时要严格按照操作规程进行，以免发生事故。 **二、清洗保养** 1. 同组同学相互配合，先用棉纱、软布、清洁剂等将床身各部擦拭干净，去“黄袍”。用锉刀、刮刀等，修光运动表面、配合面等处的毛刺。 2. 同组同学相互配合，拆卸保养工作台 （1）卸去工作台前面 T 形槽中的左撞块，并将工作台向右摇至极限位置。 （2）将工作台左端手轮拆下，然后将紧固螺母、刻度盘拆下，再将离合器拆下。 （3）拆下止退垫圈和推力球轴承组件，卸下左端轴承支架。 （4）拆卸纵向导轨镶条，再拆下右端端盖。 （5）拆下螺钉，最后拆去支架上的紧固螺钉和定位销，卸下右端支架。 （6）拆卸下右撞块，转动丝杠至最右端，取下丝杠。 注意：取下丝杠时应将丝杠的键槽向上，以防卡在离合器中的平键脱落，取下的丝杠应垂直悬挂，以免放置不当而造成变形、弯曲。 （7）将工作台推至左端，调整升降台并利用滚杠、垫木将工作台小心取下，置于事先设置的专用架板之上。 3. 清洗卸下的各个零件，并修光毛刺。 4. 清洗工作台鞍座内部零件、油槽、油路、油管，并检查手拉油泵、油管等是否畅通。 5. 检查工作台各部无误后，按与拆卸时相反的步骤进行安装。 6. 调整镶条与导轨、推力球轴承与丝杠之间的间隙以及丝杠与螺母之间的间隙，使其运转正常。 7. 拆卸工作台鞍座上的油毡、横向导轨上的镶条、丝杠，并修光毛刺后涂油复位安装。调整镶条松紧使工作台横向移动时松紧适当、灵活正常。 8. 上下移动升降台，清洗升降丝杠、垂直导轨和镶条，修光毛刺并涂油调整，使其移动正常。 9. 拆下床身后电动机防护罩，擦拭电动机，清洗冷却油泵过滤网，清扫电气箱、蛇皮管，并检查是否安全可靠。 10. 擦洗、调整附件及整机外观。 11. 检查各传动部分、润滑系统、冷却系统确实无误后，先手动后机动试车，使机床能够正常运转。 注意：操作时要严格按照操作规程进行，以免发生事故。

三、任务测评

完成任务后先按表 8—2 进行自我测评，再请老师评价审核。

表 8—2　　　　保养情况记录表

工作内容	工作情况	配分	用时	检验情况	得分
床身等外部清洁	床身等外部干净整洁，得 10 分，其余酌情扣分	10			
拆卸保养工作台	拆卸保养工作台合理得当，得 20 分，其余酌情扣分	20			
纵向运动部位保养	纵向运动部位保养合理得当，得 10 分，其余酌情扣分	10			
横向运动部位保养	横向运动部位保养合理得当，得 10 分，其余酌情扣分	10			
升降运动部位保养	升降运动部位保养合理得当，得 10 分，其余酌情扣分	10			
清理过滤网等卫生死角	清理过滤网等卫生死角干净整洁，得 10 分，其余酌情扣分	10			
擦洗、调整附件等	擦洗、调整附件等干净整洁、调整得当，得 20 分，其余酌情扣分	20			
安全文明生产	严格遵守安全文明生产的规定，得 10 分，如有违反酌情扣分；若出现设备、生产事故，可加倍扣分，成绩判为不及格	10			
指导教师评价	指导教师：　　　　年　月　日				

四、课后小结

根据实际操作完成情况进行小结。

沿虚线剪下

课 后 习 题

项目一

铣床的基本操作练习

任务1　参观铣削加工现场

班级__________姓名__________学号__________成绩__________

一、填空题

1. 铣削加工是以________的旋转运动为主运动，以________或________作进给运动的一种切削加工方法，与其他切削加工方法相比它有以下一些突出的特点：铣刀是一种________刀具，铣削时刀齿________切削，这样使得铣刀在切削时能够________冷却，________它的耐用度；铣削加工具有________的加工精度，其经济加工精度一般为________，表面粗糙度 Ra 值一般为________ μm；另外，铣削加工特别适合模具等________的组合体零件的加工，在________中占有非常重要的地位。

2. X6132 型铣床安装________后，可使铣刀偏转任意角度，完成立式铣床的工作；其主轴为前端带有锥度比为________（a. 莫氏 4 号，b. 7∶24，c. 1∶20，d. 2∶25）锥孔的空心轴；通过主轴变速机构，它可获得 30～1 500 r/min 的________（a. 16，b. 18，c. 19，d. 20）种转速。

3. X6132 型铣床在横向溜板与工作台之间设有________，可以使工作台在________面内作________（a. ±25°，b. ±30°，c. ±45°，d. ±60°）范围内的回转；X5032 型铣床的主轴可在________面内作________（a. ±25°，b. ±30°，c. ±45°，d. ±60°）范围的偏转，以调整铣床主轴轴线与工作台面间的相对位置。

4. X5032 型铣床的主轴带有________装置，主轴可沿自身轴线在________ mm（a. 0～70，b. 0～80，c. 0～100）范围内作手动进给。

二、选择题

1. X6132 型铣床的主体是________，铣床的主要部件都安装在上面。

A. 底座　　B. 床身　　C. 工作台

2. X6132 型铣床的垂直导轨是________导轨。

A. 梯形　　B. 燕尾　　C. V 形

3. X6132 型铣床的主轴转速有________种。

A. 20　　B. 25　　C. 18

4. X6132 型铣床的垂直自动进给最小进给量为________ mm/min。

A. 23.5　　B. 30　　C. 8

5. 卧式铣床横梁的作用是安装挂架________。

A. 安装铣刀杆　　B. 支撑铣刀杆　　C. 紧固铣刀杆

6. 主轴位置与工作台台面垂直的升降台铣床称为________。

A. 立式铣床　　B. 卧式铣床　　C. 万能工具铣床

三、简答题

1. 试述 X6132 型铣床的特点。

2. 简述 X6132 型铣床及其主要机构的作用。

沿虚线剪下

任务 2　掌握 X6132 铣床的基本操作

班级__________ 姓名__________ 学号__________ 成绩__________

一、填空题

X6132 铣床纵向、横向刻度盘的圆周刻线为________格，每摇 1 转，工作台移动________ mm，垂直方向刻度盘的圆周刻线为________格，每摇 1 转，工作台移动________ mm，所以每摇过 1 格，工作台移动均为 ________ mm；现欲使工作台纵向移动 32 mm，则纵向手柄应摇过________ 转________格；若欲使工作台上升 3. 2 mm，则升降手柄应摇过________转________格。当进给摇过了刻线时，应________后再摇到相应的刻线。

二、简答题

1. 数一数在 X6132 铣床上有多少个油窗和注油孔？哪些地方需要每天加油？

2. 铣床变速的停车和变速后的启动，都需通过机床上的控制按钮来控制。请问，铣床通常是如何区分不同功用的控制按钮的？

3. 在进行主轴变速时应注意什么？

4．手动进给时尺寸摇过了，如何才能准确摇到所需的刻度？

5．机动进给的手柄有几副？你知道它们的位置和操作方法吗？

沿虚线剪下

任务3　常用铣刀及其装卸

班级________姓名________学号________成绩________

一、填空题

1．写出题图1—3—1中各种铣刀的名称：

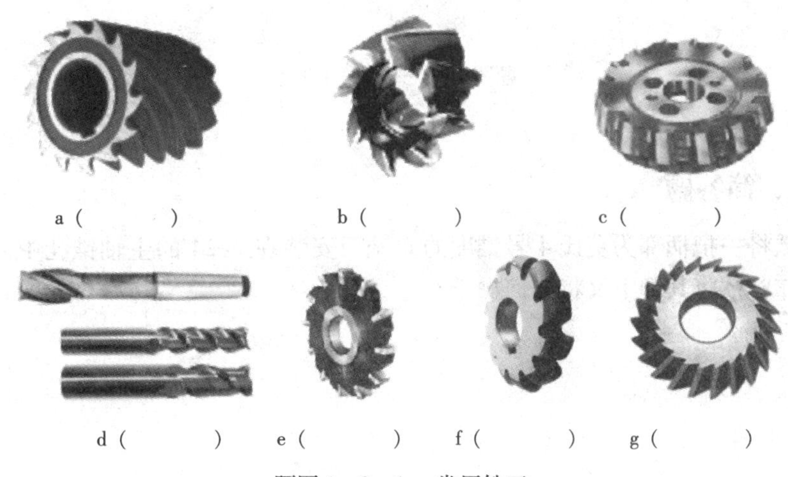

题图1—3—1　常用铣刀

2．在题图1—3—1中用来铣削平面的铣刀有：________；用来铣削直角沟槽的铣刀有：________；用来铣削特形沟槽和特形面的铣刀有：________。

3．请将相应内容的序号填入题图1—3—2中。

①—待加工表面　②—已加工表面　③—切削平面　④—基面　⑤—前面

⑥—后面　⑦—过渡表面　⑧—切屑

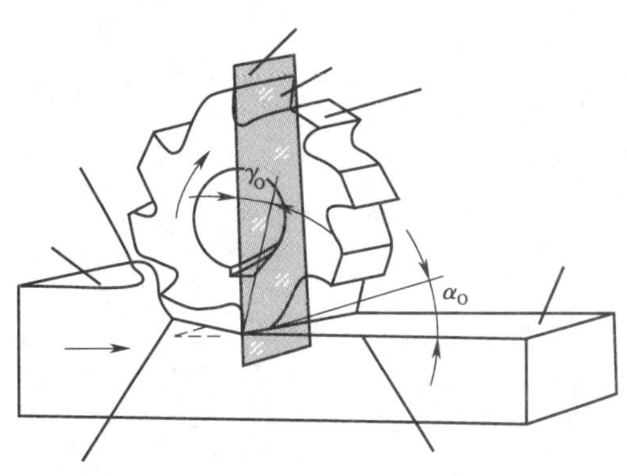

题图1—3—2　圆柱铣刀及组成

4．填写出题图 1—3—3 中常用扳手的名称。

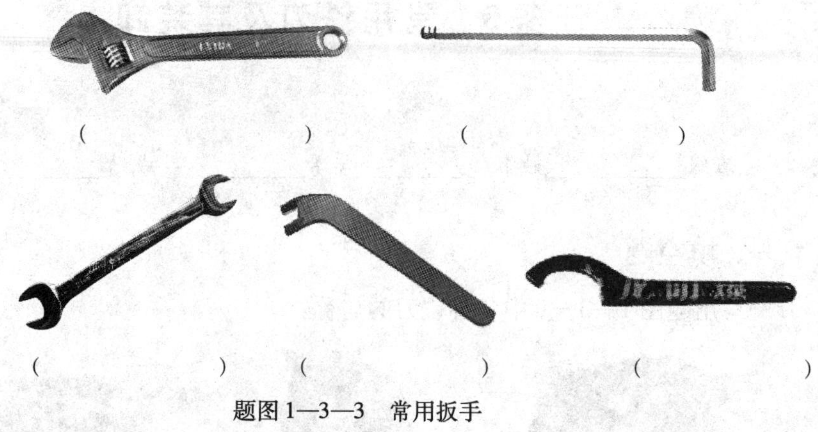

（　　　　　　）（　　　　　　）

（　　　　　　）（　　　　　　）（　　　　　　）

题图 1—3—3　常用扳手

二、简答题

现欲将一把柄部为莫氏 4 号锥度的立铣刀安装在 7∶24 的主轴锥孔中，请问应如何操作？欲将其卸下又将如何操作？

沿虚线剪下

任务4　工件的装夹

班级__________姓名__________学号__________成绩__________

一、填空题

1. 将平口钳的各部分结构名称的序号填入题图1—4—1中：

①固定钳口　②钳口铁　③活动钳身　④钳体　⑤丝杠手柄　⑥活动钳口　⑦压板　⑧底座

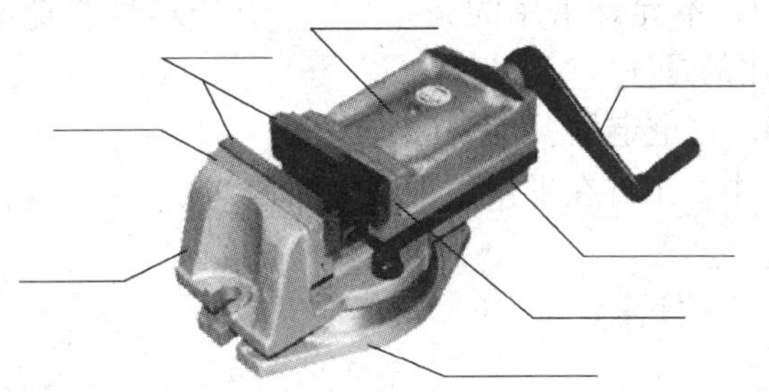

题图1—4—1　平口钳结构

2. 安装平口钳时应先擦拭干净________和________；校正固定钳口的方法有：________、________和________。

3. 指出题图1—4—2中使用杠杆百分表的图例中哪些是正确的（请划"✓"），哪些是错误的（请划"×"）。

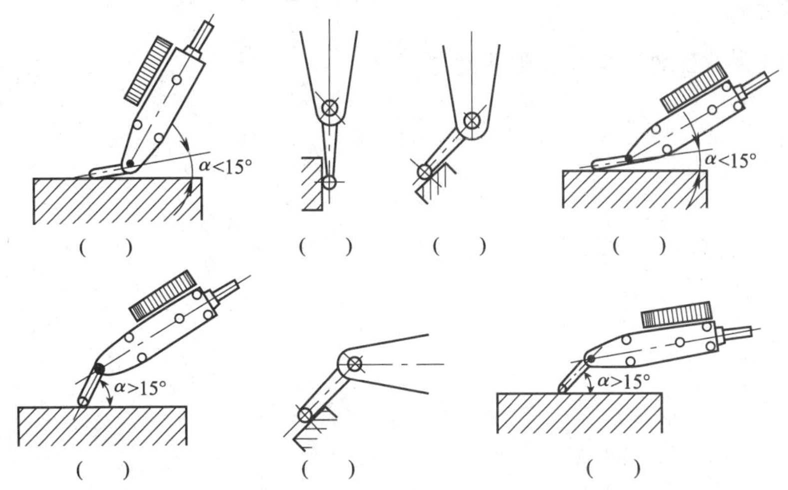

题图1—4—2　杠杆百分表的使用

4. 用平口钳装夹工件时，通常以________为基准面，此时应将工件的基准面靠向________面，并在其活动钳口与工件间放置一________，其位置应在工件被夹持部分高度的________。

5. 以平口钳钳体导轨平面作为定位基准装夹工件时，通常在工件与导轨面之间要加垫________，工件夹紧后，可用________或________轻击工件上平面，直至________不能移动为止。

6. 用压板夹紧工件时，应选择________以上的压板。压板的一端搭在________上，另一端搭在________上。垫铁的高度应________或________工件被压紧部位的高度。T 形螺栓略接近于________位置。在螺母与压板之间必须加垫________。

二、选择题

1. 以下定位方式中，不允许采用的是________，应尽量避免的是________，合理并在工作中经常采用的是________

A. 重复定位　　B. 完全定位　　C. 欠定位

2. 在题图 1—4—3 中，工件在平口钳中装夹时属________；在工作台面上用压板进行的装夹属________。

A. 完全定位　　B. 不完全定位　　C. 重复定位

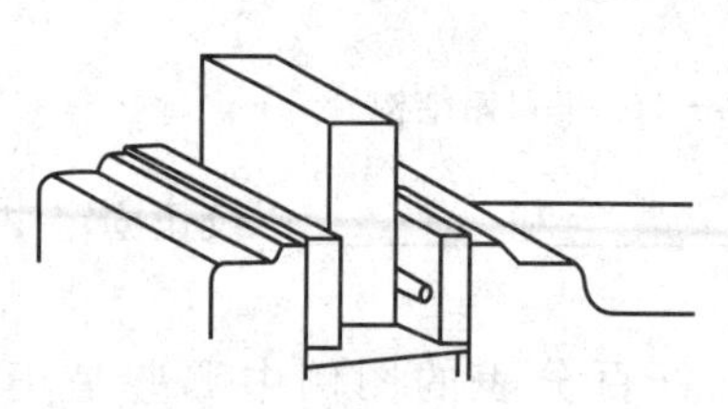
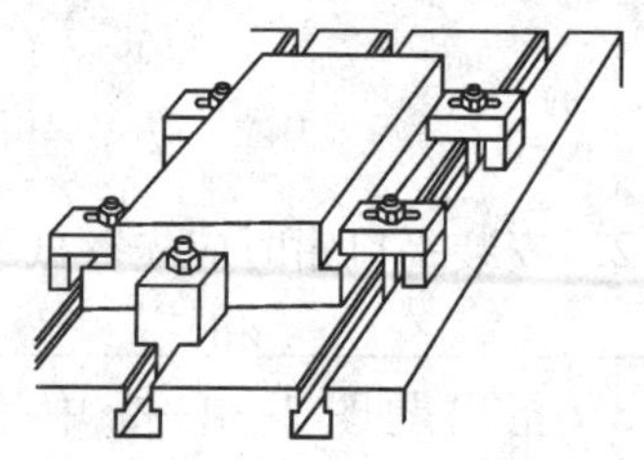

题图 1—4—3　工件的装夹

三、简答题

在平口钳上装夹工件时应注意哪些问题？

沿虚线剪下

任务 5　铣削方法与铣床“零位”的校正

班级__________姓名__________学号__________成绩__________

一、填空题

1．铣削方法可分为__________、__________和__________三种；根据铣刀切削部位产生的切削力与__________间的关系，铣削方式可分为__________和__________。

2．端铣时，根据铣刀与工件之间相对位置的不同，可分为__________和__________；其中__________又可分为__________和__________，在实际铣削中被广泛应用的是__________。

3．端铣时刚度好，同时参与切削的__________，因此__________，铣削平稳，效率高。另外端铣刀的直径可以做得很大，能一次铣出较大的表面而__________。端铣刀的刀片__________，适宜进行__________和__________，可大大提高生产效率和减小表面粗糙度值。

4．顺铣时铣刀对工件的作用力在垂直方向的分力始终向__________，对工件起__________的作用，因此铣削__________，适合对__________的工件及细长的薄板形工件的铣削；刀刃容易切入，工件的被加工表面质量__________；在进给运动方面消耗的功率较小。其主要缺点是：铣削时__________工作台，使工作台发生__________，导致铣刀刀齿折断、铣刀杆弯曲、工件与夹具产生位移，甚至更严重的事故。

二、简答题

1．圆周铣削、端面铣削和混合铣削的特点分别是什么？

2. 简述顺铣和逆铣的不同之处。

3. 简述 X5032 型铣床立铣头“零位”校正的操作步骤。

沿虚线剪下

项目二

铣削压板与阶梯垫铁

任务1　切断工件

班级__________姓名__________学号__________成绩__________

一、判断题

1．切削液在铣削中主要起到防锈、清洗作用。　（　）

2．切削油的主要成分是矿物油，这类切削液的比热容高，流动性较差。　（　）

3．粗铣加工时，应选用以润滑为主的切削液。　（　）

4．铣削过程中，切削液不应冲注在切屑从工件上分离下来的部位，否则会使铣刀产生裂纹。　（　）

5．为了防止锯片铣刀松动，通常在刀杆与铣刀之间安装平键。　（　）

6．装夹切断加工工件时，应使切断处尽量靠近夹紧点。　（　）

7．在卧式万能铣床上切断加工较宽的工件，工作台零位不准会使铣刀折断。　（　）

二、选择题

1．采用切削液能将已产生的切削热从切削区域迅速带走，这主要是因为切削液具有________。

A．润滑作用　　B．冷却作用　　C．清洗作用

2．采用切削液可以减少切削过程中的摩擦，这主要是切削液具有________。

A．润滑作用　　B．冷却作用　　C．清洗作用

3．具有良好冷却性能但防锈性能较差的切削液是________。

A．水溶液　　B．乳化液　　C．切削油

4．粗加工时，应选择以________为主的切削液。

A．润滑　　B．防锈　　C．冷却

5．精加工时，应选择以________为主的切削液。

A．防锈　　B．润滑　　C．冷却

三、简答题

1．切削液的作用有哪些？

2．常用的切削液有哪几种？铣床上选用何种切削液？

3．怎样选用切削液？使用时应注意哪几点？

4．安装锯片铣刀时应注意哪些事项？

5．在切断过程中防止铣刀折断的措施有哪些？

沿虚线剪下

任务2　铣削基准平面

班级__________姓名__________学号__________成绩__________

一、判断题

1. 进给速度是工件在进给方向上相对刀具的每分钟位移量。（　　）

2. 铣削用量的选择次序是铣削宽度（或铣削深度）、每齿进给量、铣削速度，然后换算成每分钟进给量和每分钟主轴转速。（　　）

3. 粗铣时，进给量的选择主要是考虑铣床进给机构的刚度，如铣床刚度大可选择大一些的进给量。（　　）

4. 精铣时，所加工表面的表面粗糙度值的大小，是决定进给量大小的主要因素。（　　）

5. 用端铣法铣削平面，其平面度的好坏主要取决于铣床主轴轴线与进给方向的垂直度。（　　）

6. 用端铣法铣削平面时，若立铣头与工作台面不垂直，可能铣成凹面或斜面。（　　）

7. 平面质量的好坏，主要用平面度和表面粗糙度两个项目来衡量。（　　）

二、选择题

1. 铣削时铣刀切削刃上选定点相对于工件的主运动的瞬时速度称为________。

A. 铣削速度　　B. 进给量　　C. 转速

2. 铣床上进给变速机构标定的进给量单位是________。

A. mm/r　　B. mm/min　　C. mm/z

3. 在针对铣刀工件材料等条件确定铣床进给量时，应先确定的是________。

A. f_z　　B. f　　C. v_f

4. 铣刀进给量 $f=0.64$ mm/r，主轴转速 $n=75$ r/min，铣刀刀齿数 $z=8$，则 f_z 为________ mm/z。

A. 48　　B. 5.12　　C. 0.08

5. 铣削速度的单位是________。

A. m/min　　B. mm　　C. r/min

6. 铣削速度 v_c 确定后，转速 n 与________有关。

A. 铣刀齿数　　B. 铣刀长度　　C. 铣刀直径

7. 铣床的主轴转速根据铣削速度 v_c 确定，$n=$________。

A. $1\,000\,v_c/\pi d$　　B. $v_c/\pi d$　　C. $\pi d/1\,000\,v_c$

8. 铣削用量选择的次序是________。

A. f_z、a_e 或 a_p、v_c　　B. a_e 或 a_p、f_z、v_c　　C. v_c、f_z、a_e 或 a_p

9. 采用周铣法铣削平面，平面度的好坏主要取决于铣刀的________。

A. 锋利程度 B. 圆柱度 C. 转速

10. 采用端铣法铣削平面，平面度的好坏主要取决于铣刀的________。

A. 圆柱度

B. 刀尖锋利程度

C. 主轴轴线与工作台面（或进给方向）的垂直度

三、计算题

1. 在 X6132 型铣床上选用直径为 100 mm，齿数为 16 的铣刀，主轴转速采用 75 r/min，进给量采用 0. 10 mm/z。若机床进给速度调整为 23. 5 mm/min，问是否合理？应调整为多少？

2. 在 X6132 型铣床上选用直径为 100 mm 的铣刀，若主轴转速调整到 75 r/min，试问铣削速度为何值？若直径改为 200 mm，铣削速度为何值？

沿虚线剪下

任务3　铣削长方体零件

班级__________姓名__________学号__________ 成绩__________

一、判断题

1. 用周铣法铣削垂直面或平行面时，产生误差的原因是刀尖轨迹形成的平面与基准面不垂直或不平行。（　　）

2. 铣削垂直面时，在工件和活动钳口之间放一根圆棒，是为了使基准面与平口钳钳体导轨面紧密贴合。（　　）

3. 在卧式铣床上用圆柱铣刀铣削平行面，造成平行度差的原因之一是铣刀圆柱度差。（　　）

二、选择题

1. 若加工一矩形工件，要求平面 B 和 C 垂直于平面 A，平面 D 平行于平面 A，加工时的定位基准面是________。

A. A 面　　B. B 面　　C. C 面

2. 铣削矩形工件两侧垂直面时，用平口钳装夹工件，若铣出的平面与基准面之间的夹角 $<90°$，此时应在固定钳口________垫入纸片或铜皮。

A. 中部　　B. 下部　　C. 上部

3. 对尺寸较大的工件，通常在________铣削垂直面较合适。

A. 卧式铣床上用圆柱铣刀

B. 卧式铣床上用端铣刀

C. 立式铣床上用端铣刀

4. 当工件基准面与工作台面平行时，应在________铣削平行面。

A. 立式铣床上用周铣法

B. 立式铣床上用端铣法

C. 卧式铣床上用端铣法

5. 铣削矩形工件时，铣好第一面后，按顺序应先加工________。

A. 两端垂直面　　B. 平行面　　C. 两侧垂直面

6. 立式铣床主轴“零位”不准，用横向进给铣削会铣出________。

A. 平行或垂直面　B. 斜面　　C. 凹面

三、简答题

1. 铣削垂直面时，造成垂直度误差超差的主要原因是什么？

2. 铣削平行面时，造成平行度误差超差的主要原因是什么？

沿虚线剪下

任务4　铣削压板上的斜面

班级__________姓名__________学号__________成绩__________

一、判断题

1．由于角度铣刀的刀齿强度较弱，刀齿排列较密，铣削时排屑较困难，因此铣削时选择较小的每齿进给量。（　　）

2．铣削斜面时，若采用转动立铣头的方法铣削，立铣头转角与工件斜面夹角必须相等。（　　）

3．转动立铣头铣斜面，通常使用纵向进给进行铣削。（　　）

4．调转平口钳钳体铣斜面时，应先校正固定钳口与铣床主轴轴线垂直或平行。（　　）

5．采用倾斜垫铁铣削斜面，垫铁的倾斜角度应与工件相同，且垫铁的宽度应小于工件宽度。（　　）

6．转动立铣头用端铣刀铣削斜面，工件基准面与工作台台面垂直，立铣头应扳转的角度等于斜面的倾斜角度，即 $\alpha=\theta$。（　　）

二、选择题

1．铣削斜面，周铣时，斜面与铣刀旋转表面________。

A．相切　　B．相交　　C．垂直

2．用端铣刀铣削斜面时，若工件的基准面装夹得与工作台面平行，则立铣头需倾斜的角度为________。

A．$\alpha=90°-\theta$　　B．$\alpha=\theta$　　C．$\alpha=180°-\theta$

3．用立铣刀的圆周刃铣斜面，若工件的基准面与工作台台面平行，则立铣头需倾斜的角度为________。

A．$\alpha=90°-\theta$　　B．$\alpha=\theta$　　C．$\alpha=180°-\theta$

4．铣双斜面时，可选用一对规格相同、刀齿刃口方向________的角度铣刀。

A．相同　　B．相反　　C．随意选择

三、简答题

1．铣削斜面的常用方法有哪几种？

2．铣削斜面时，工件、基准面以及铣刀之间必须满足哪两个条件？

3．铣斜面的操作过程中要注意哪几点？

沿虚线剪下

任务5　铣削压板上的直角沟槽

班级__________姓名__________学号__________成绩__________

一、判断题

1. 封闭式直角沟槽可直接用立铣刀加工。（　）

2. 铣削直角沟槽时，若三面刃铣刀端面跳动较大，铣出的槽宽会小于铣刀宽度。（　）

3. 用直径较小的立铣刀和键槽铣刀铣削直角沟槽，由于作用在铣刀上的力会使铣刀偏让，因此铣刀切削位置会有少量改变。（　）

4. 键槽铣刀的端面刃能直接切入工件，故在铣封闭槽之前可以不加工落刀孔。（　）

5. 封闭槽必须用立铣刀或键槽铣刀来加工。（　）

二、选择题

1. 在铣削封闭式直角沟槽时，选用________铣削加工前需钻落刀孔。

A. 立铣刀　　B. 键槽铣刀　　C. 盘形槽铣刀

2. 槽铣刀刀齿的背部做成铲齿形状，当刀齿用钝后刃磨时，只能刃磨铣刀的________。

A. 前刀面　　B. 后刀面　　C. 铣刀侧面

三、计算题

在 X6132 铣床上铣削一直角通槽，槽宽为 12 mm，槽侧面距离为 20 mm，问：（1）选用何种铣刀加工？（2）用擦边法对刀，横向移动距离是多少？

四、简答题

1．常见的直角沟槽有哪几种？分别用何种铣刀加工？

2．影响直角沟槽质量的因素有哪些？

沿虚线剪下

任务6　铣削阶梯垫铁

班级__________姓名__________学号__________成绩__________

一、判断题

1. 铣削台阶面时，三面刃铣刀容易向不受力的一侧偏让。（　）

2. 铣削台阶面时，为了减少偏让，应选择较大直径的三面刃铣刀。（　）

3. 用立铣刀铣削台阶面时，若立铣刀圆周刃铣削台阶侧面，则端面刃铣削台阶平面。（　）

4. 采用两把三面刃铣刀组合铣削台阶面时，铣刀内侧切削刃之间的距离，应调整得比工件尺寸略大些。（　）

5. 用三面刃铣刀铣削台阶时，若卧式万能铣床“零位”不准，则铣出的台阶侧面呈凹面。（　）

6. 三面刃铣刀的圆周刃在铣削台阶时起主要的铣削作用，侧面刃起修光的作用。（　）

7. 在立式铣床上用立铣刀铣削台阶，若立铣头“零位”不准，用纵向进给铣削时，其台阶下平面会产生凹面。（　）

8. 宽度相同的三面刃铣刀，直径越大，铣削台阶时的“让刀”现象就越严重。（　）

二、选择题

1. 在卧式铣床上用三面刃铣刀铣削台阶，为了减少偏让，应选用________的三面刃铣刀。

A. 厚度较小　　B. 直径较大　　C. 直径较小且厚度较大

2. 当台阶的宽度尺寸较大时，为了提高生产效率和加工精度，应在________进行加工。

A. 立式铣床上用端铣刀

B. 卧式铣床上用三面刃铣刀

C. 立式铣床上用键槽铣刀

3. 用两把三面刃铣刀组合铣削台阶时，考虑到铣刀偏让，应将铣刀内侧切削刃之间的距离，调整到________工件尺寸进行试铣。

A. 略小于　　B. 等于　　C. 略大于

4. 用两把三面刃铣刀组合铣削台阶时，铣刀内侧切削刃之间的距离，应根据________尺寸进一步调整较为合理。

A. 铣刀内侧切削刃测量的

B. 试件铣出的

C. 两铣刀间垫圈

5. 在卧式万能铣床上用三面刃铣刀铣削台阶时，铣出的台阶侧面上窄下宽，呈凹面，这种现象是由________引起的。

A. 铣刀刀尖有圆弧　　B. 工件定位不准确　　C. 工作台“零位”不准

6. 用三面刃铣刀铣削台阶时，铣刀的圆柱面刀刃起________作用。

A. 主要的切削　　B. 次要的切削　　C. 修光

三、简答题

1. 铣削台阶时，造成台阶质量不佳的原因主要有哪些？

2. 铣削阶梯垫铁时，选择垫铁的高度有何要求？

沿虚线剪下

项目三

铣削特形沟槽垫铁

任务1　铣削V形槽

班级__________姓名__________学号__________成绩__________

一、判断题

1. 铣削V形槽，通常应先铣出V形部分，然后铣削中间窄槽。（　）
2. 槽角 $\alpha \leqslant 90°$ 的V形槽可用角度相同的对称双角铣刀铣削。（　）
3. 转动立铣头用立铣刀铣削V形槽仅适用于槽角 $\alpha \geqslant 90°$ 的V形槽。（　）
4. 用标准量棒测量V形槽宽度的方法属于间接测量法。（　）

二、计算题

1. 测量槽角 $\alpha = 120°$ 的V形槽，已知所用标准量棒的直径为30 mm，测得标准量棒上素线至V形槽上平面的距离是17.87 mm。求V形槽的宽度。

2. 测量槽角 $\alpha = 90°$ 的V形槽，已知所用两根标准量棒的直径分别为40 mm和25 mm，现测得 $H = 55$ mm，$h = 26.38$ mm。求V形槽的实际槽角。

三、简答题

1. 铣 V 形槽所用的刀具有哪几种？

2. V 形槽的对称度如何测量？

沿虚线剪下

任务2　铣削T形槽

班级＿＿＿＿＿姓名＿＿＿＿＿学号＿＿＿＿＿成绩＿＿＿＿＿

一、判断题

1. T形槽铣刀折断的原因之一是铣削时排屑困难。（　）
2. 铣削T形槽底槽，可直接用半圆键槽铣刀代替T形槽铣刀。（　）
3. 选择T形槽铣刀时，应根据T形槽底槽宽度的大小来确定铣刀的直径。（　）
4. 铣削两端不穿通的T形槽，铣削前应在T形槽的一端钻落刀孔。（　）

二、选择题

1. 铣削T形槽时，首先应加工＿＿＿＿。

A. 直槽　　B. 底槽　　C. 倒角

2. 在铣削T形槽时，通常可将直槽铣得＿＿＿＿，以减少T形槽铣刀端面的摩擦，改善切削条件。

A. 比底槽略浅些　B. 与底槽接平　C. 比底槽略深些

三、简答题

1. 试根据题图3—2—1说明T形槽的加工步骤。

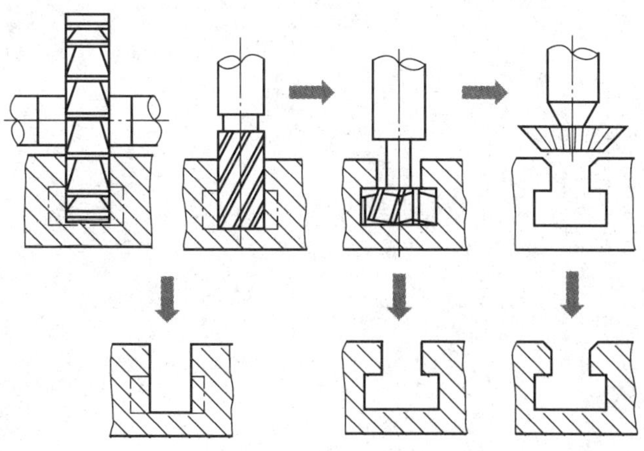

题图3—2—1　T形槽加工步骤

2. T 形槽铣削加工中，使铣刀折断的原因有哪些？

3. 试述 T 形槽的检验方法。

沿虚线剪下

任务3　铣削燕尾槽

班级__________　姓名__________学号__________成绩__________

一、判断题

1. 铣削燕尾槽时，应按 1∶50 斜度选择燕尾槽铣刀。（　）

2. 燕尾槽与燕尾一侧的斜面配以带有斜度的塞铁，可准确地进行间隙调整。（　）

3. 铣削燕尾槽时若没有合适的燕尾槽铣刀，可用廓形角与燕尾槽槽角相等的单角铣刀代替。（　）

二、选择题

1. 燕尾槽的宽度通常用______测量。

A. 内径千分尺直接　　B. 样板比较　　C. 标准量棒与量具配合

2. 燕尾槽的深度通常用______测量。

A. 外径千分尺　　B. 游标深度尺　　C. 游标卡尺

3. 铣削燕尾槽时，首先应加工______。

A. 直角槽　　B. 燕尾　　C. 倒角

三、计算题

1. 用 $D=20$ mm 的标准圆棒测量一燕尾槽槽口宽度，已知：槽深 $H=25$ mm，槽形角 $\alpha=55°$，已测得两圆棒的内侧距离 $M=33.40$ mm。试求槽口的实际宽度尺寸 A。

2. 用 $D=25$ mm 的标准圆棒测量一燕尾槽，已知：燕尾槽槽口宽度 $A=100$ mm，槽深 $H=40$ mm，槽形角 $\alpha=60°$。试求圆棒内侧距离 M。

四、简答题

在实际工作过程中，应如何检测燕尾槽？

沿虚线剪下

项目四

铣削花键轴上的键槽

任务1　铣削平键槽

班级__________　姓名__________学号__________ 成绩__________

一、判断题

1. 若轴上半封闭键槽配装一端带圆弧的平键，该槽应选用三面刃铣刀铣削。（　　）

2. 为了铣削出精度较高的键槽，键槽铣刀安装后须找正两切削刃与铣床主轴的对称度。（　　）

3. 铣削一批直径偏差较大的轴类零件上的键槽，宜选用机床用平口虎钳装夹工件。（　　）

4. 采用V形架装夹不同直径的轴类零件，可保证工件的中心位置始终不变。（　　）

5. 用盘形槽铣刀在轴类工件表面切痕对刀，其切痕是椭圆形的。（　　）

6. 用百分表调整对刀时，百分表测头应与工件的素线相接触，然后再进行找正。（　　）

7. 在通用铣床上铣削键槽，大多采用分层铣削的方法。（　　）

8. 键槽铣刀用钝后，通常应修磨端面刃。（　　）

9. 用内径千分尺测量槽宽时，应以一个量爪为支点，另一个量爪作少量转动，找出最小读数。（　　）

二、选择题

1. 在轴类零件上铣削键槽，为了保证键槽的中心位置不随工件直径变化而改变，不宜采用______装夹工件。

A. V形架　　B. 轴用虎钳　　C. 机床用平口虎钳

2. 用键槽铣刀在轴类零件上用切痕法对刀，切痕的形状是______。

A. 椭圆形　　B. 圆形　　C. 矩形

3. 键槽铣刀用钝后，为了保持其外径尺寸不变，应修磨铣刀的______。

A. 周刃　　B. 端刃　　C. 周刃和端刃

4. 在批量生产中，检验键槽宽度是否合格，通常应选用______检验。

A. 塞规　　B. 游标卡尺　　C. 内径千分尺

5. 若铣出的键槽槽底面与工件轴线不平行，可能的原因是______。

A. 工件上素线与工作台面不平行

B. 工件侧素线与进给方向不平行

C. 工件铣削时轴向位移

三、计算题

在 X5032 型铣床上铣削一键槽，槽宽为 10 mm，槽长为 40 mm，若 $v_c = 20$ m/min，$v_f = 75$ mm/min。试求：1）铣刀直径 d；2）每齿进给量 f_z；3）铣刀纵向（沿槽向）移动距离 s。

四、简答题

1. 铣削轴类零件上的键槽时，常采用哪些方法装夹工件？试述其各自的特点。

2. 在轴类零件上铣削键槽时，怎样进行切痕法对刀？

3. 铣削键槽时，常用哪几种对刀方法？

4. 铣削键槽时，宽度和对称度超差的原因是什么？

沿虚线剪下

任务2　铣削半圆键槽

班级__________　姓名__________学号__________ 成绩__________

一、判断题

1．半圆键槽铣刀的端面中心孔，在铣削时可用顶尖顶住，以增加铣刀的刚度。（　　）

2．分度头主轴是空心轴，两端均有莫氏锥度的内锥孔。（　　）

3．F11125 型分度头只备有一块分度盘（孔盘），最大的孔圈数是 40。（　　）

4．分度盘（孔盘）的作用是解决非整转数的分度。（　　）

5．分度叉的作用是便于多次重复使用相同孔圈孔数的分度操作。（　　）

6．简单分度法是根据分度头的蜗轮齿数（定数）和工件的等分数来计算操作的。（　　）

7．当分度手柄转数 n 为分数时，应使分子分母同时扩大或缩小一个整倍数，使分子值与分度盘上某一孔圈数相同。（　　）

8．若简单分度计算后的 $n=35/49$，分度时分度手柄应在 49 孔圈中转过 34 个孔距。（　　）

9．角度分度法是根据分度手柄转一转，分度头主轴转过 9°的对应关系进行换算的。（　　）

二、选择题

1．半圆键槽铣刀的直径______半圆键的直径。

A．略大于　　B．等于　　C．略小于

2．半圆键槽铣刀端面带有中心孔，可在卧式铣床支架上安装顶尖顶住铣刀中心孔，以增加铣刀的______。

A．强度　　B．刚度　　C．硬度

3．铣床上最常用的分度头是______，其中心位置高为 125 mm。

A．F1163　　B．F11125　　C．F11250

4．F11125 型分度头夹持工件的最大直径是______ mm。

A．125　　B．250　　C．500

5．在 F11125 型分度头上需转过 18°20′，应通过公式______计算分度手柄转数 n。

A．$\theta/90°$　　B．$\theta/540'$　　C．$\theta/32\,400''$

6．F11100 型分度头的中心高度是______ mm。

A．100　　B．240　　C．200

7. F11125 型分度头定数是 40，表示______。

A. 传动蜗杆的直径　　B. 主轴上蜗轮的模数　　C. 主轴上蜗轮的齿数

8. F11125 型分度头主轴两端的内锥是______。

A. 莫氏 3 号　　B. 米制 7∶24　　C. 莫氏 4 号

9. F11125 型分度头主轴在______范围内调整主轴倾斜角。

A. −6°～90°　　B. 0°～180°　　C. −45°～+45°

10. 分度头蜗杆脱落手柄的作用是______。

A. 调节分度头主轴间隙　　B. 调节蜗杆轴向间隙　　C. 脱开或啮合蜗杆副

11. 分度头蜗杆副的传动比是______。

A. 1∶100　　B. 1∶40　　C. 1∶220

12. 分度头的分度盘的圈数最少（最多）是______。

A. 24（62）　　B. 24（66）　　C. 30（66）

13. 不是整转数的分度（如 24/66）通过分度头的______达到分度要求。

A. 分度叉　　B. 分度盘　　C. 主轴刻度盘

14. 使用分度叉可避免每分度一次都要数孔数的麻烦，若需要转过 23 个孔距，分度叉之间所夹的实际孔数是______。

A. 22　　B. 23　　C. 24

三、简答题

1. 简述万能分度头的功用。

2. 简述简单分度法的分度原理。

沿虚线剪下

项目五

铣削矩形齿牙嵌式离合器

任务1　铣削多边形

班级__________　姓名__________学号__________ 成绩__________

一、判断题

1. 铣削正六边形，其侧棱之间和侧面之间的夹角是相等的，由分度头简单分度法进行分度。　(　　)

2. 铣削正六边形，其侧棱和侧面与轴线的夹角是相等的，通常应将工件随分度头主轴扳转角度进行铣削。　(　　)

二、选择题

1. 铣削短小的多边形工件时，一般是在卧式或立式铣床上用______铣削。

A. 端铣刀或立铣刀　B. 键槽铣刀或立铣刀　C. 三面刃铣刀或立铣刀

2. 铣削多边形工件时，一般利用______装夹工件进行加工。

A. 分度头　B. 压板　C. 平口钳

三、计算题

1. 若要铣削一对边尺寸 $S=36$ mm 的正六边形，试计算工件毛坯外圆直径 D。

2. 若要铣削一边长尺寸 $S=25$ mm 的正五边形，需要计算哪些参数?

四、简答题

1．采用分度头装夹工件铣削正多边形工件时应注意哪些问题？

2．采用组合铣刀法铣削多边形工件，应如何对中心？

沿虚线剪下

任务2　在离合器上进行圆周刻线

班级__________ 姓名__________ 学号__________ 成绩__________

一、判断题

1. 直线移距分度法是在分度头主轴或侧轴与工作台丝杠之间配置配换齿轮，以达到转动分度手柄使工作台纵向作精确移距的分度方法。（　）

2. 较小尺寸且精度较高的直线移距分度应选用主轴挂轮法。（　）

3. 制作刻线刀时，应选用高速钢刀具材料，并应在氧化铝砂轮上进行刃磨。（　）

4. 刻线刀的形式是尖头刀，其质量要求主要是刀尖部分的刃口和前后刀面。（　）

5. 刻线操作时，每次刻线后均应垂直下降工作台才可以进行退刀操作。（　）

6. 由于刻线线条细，因此在圆柱面上刻线时，刻线刀刀尖不一定要对准工件中心位置。（　）

7. 刻线操作前，为了防止刻线刀转动，只需将铣床总电源开关扳转到停转位置便可开始刻线。（　）

8. 刻线的粗细程度，只与刀尖刻深程度有关，而与刀尖夹角无关。（　）

9. 配置分度头配换齿轮时，在符合搭配原则的前提下，主动轮之间和从动轮之间可以互换位置。（　）

10. 计算分度头配换齿轮时，主动轮与从动轮可同时扩大或缩小倍数，也可以互借倍数。（　）

二、选择题

1. 直径移距分度法是在______之间配置配换齿轮进行分度的。

A. 分度头主轴和侧轴

B. 铣床主轴和分度头侧轴

C. 分度头主轴或侧轴与工作台丝杠

2. 用主轴挂轮法直线移距分度时，从动轮应配置在______。

A. 分度头侧轴上　　B. 机床工作台丝杠上　　C. 分度头主轴上

3. 采用主轴挂轮法直径移距分度，计算配换齿轮时 n 的选取范围是______。

A. 1 ~ 10　　B. 10 ~ 20　　C. 0.1 ~ 1

4. 在铣床上进行刻线加工，刃磨刻线刀时，刀尖角 e 通常选______。

A. 30° ~ 40°　　B. 50° ~ 60°　　C. 10° ~ 20°

5．在铣床上进行刻线加工的刻线刀，通常用______刀具刃磨而成。

A．硬质合金　　　B．高速钢　　　C．碳素工具钢

三、计算题

1．在 X6132 型铣床上用 F11125 型分度头，采用主轴挂轮法进行直线移距分度刻线，工件每格刻度 $S = 2.25$ mm。若分别选取分度手柄转数 $n = 5$ r 和 $n = 1$ r，试判断哪个转数较合理，判定后选择配换齿轮齿数。

2．在 X6132 型铣床上用 F11125 型分度头分度，在圆周上刻线，每格刻度值为 1°30′。试求每刻 1 格，分度手柄转数 n，刻线 28 条，分度头主轴所转角度 θ。

四、简答题

怎样确定和刃磨刻线刀？

沿虚线剪下

任务3　铣削矩形齿离合器

班级__________ 姓名__________ 学号__________ 成绩__________

一、判断题

1. 牙嵌式离合器是依靠圆柱面上齿与槽相互嵌入或脱开来达到传递或切断动力的目的。（　）

2. 铣削奇数齿矩形牙嵌离合器时，三面刃铣刀的宽度应小于最小齿槽宽度。（　）

3. 铣削偶数齿矩形牙嵌离合器时，三面刃铣刀宽度的选择与奇数齿矩形牙嵌离合器相同，同时铣刀的直径也不受限制。（　）

4. 矩形牙嵌离合器的齿侧是通过工件轴线的切向平面。（　）

5. 铣削矩形牙嵌离合器时，三面刃铣刀的宽度应根据工件外径和齿数进行计算。（　）

6. 铣削矩形牙嵌离合器时，应调整铣刀对称工件中心。（　）

7. 铣削奇数齿矩形牙嵌离合器时，一次能铣出两个不同齿侧。（　）

8. 铣削齿数为 z 的偶数齿矩形牙嵌离合器，铣削次数至少需要 $2z$ 次。（　）

9. 铣削矩形牙嵌离合器时，采用将齿槽角铣得略大于齿面角的方法获得齿侧间隙时，铣成的齿侧应偏离工件中心一个距离。（　）

10. 铣削矩形牙嵌离合器时，采用将离合器的各齿侧面都铣得偏离中心一个距离（0.1～0.5 mm），由于齿侧面不通过工件轴线，离合器啮合时齿侧只有内圆处接触，影响了承载能力。（　）

11. 铣削偶数齿矩形牙嵌离合器时，铣刀不能通过整个端面，这是因为两个相对齿的同名侧面在同一个通过工件轴线的平面上。（　）

12. 铣削偶数齿矩形牙嵌离合器时，各齿槽同一侧面铣削完毕，应使三面刃铣刀另一侧刃移到工件的中心位置，移动的距离应为铣刀实际宽度的1/2。（　）

13. 铣削偶数齿矩形牙嵌离合器时，铣完各齿槽同一侧后，分度头主轴需转过二分之一齿槽角，使齿槽另一侧处于铣削中心位置。（　）

14. 由于奇数齿与偶数齿矩形牙嵌离合器相比有较好的工艺性，所以奇数齿矩形牙嵌离合器应用较广泛。（　）

二、选择题

1. 铣削______矩形齿离合器时，选择三面刃铣刀，除宽度外，直径也受到限制。

A. 奇数齿　　B. 偶数齿　　C. 奇数和偶数齿

2. 矩形齿离合器的齿侧是一个______。

A. 通过轴心的径向平面

B. 垂直轴向的平面

C. 与轴线成一定夹角的平面

3. 铣削矩形齿离合器时，按 $L(d) \leqslant \frac{d_1}{2}\sin\alpha = \frac{d_1}{2}\sin\frac{180°}{z}$ 计算值选择三面刃铣刀宽度 L，实际选用时应______。

A. 按计算数值选用

B. 按规格取整后尽可能较大

C. 尽可能小

4. 铣削矩形齿离合器时，若在立式铣床上用三面刃铣刀铣削，分度头主轴应______。

A. 与工作台台面垂直

B. 与工作台台面和工作台纵向进给方向平行

C. 与工作台台面和横向进给方向平行

5. 铣削奇数齿矩形齿离合器时，每次进给可同时铣出______。

A. 两个齿的同名侧面

B. 两个齿的不同侧面

C. 一个齿的两个侧面

6. 铣削矩形齿离合器时，为了保证三面刃铣刀的侧刃通过工件轴线，常采用的对刀方法中精度较高的方法是______。

A. 划线对刀　　　B. 擦边对刀　　　C. 试切调整铣刀位置

三、计算题

在卧式铣床上用三面刃铣刀铣削矩形齿离合器，已知齿数 $z=6$，齿圈内径 $d_1=40$ mm，齿高 $T=10$ mm。试确定标准三面刃铣刀的宽度 L 和外径 D。

四、简答题

1. 为什么奇数齿矩形齿离合器具有较好的加工工艺性？

2. 铣削矩形齿离合器获得齿侧间隙有哪些方法？各有何特点？

沿虚线剪下

项目六

加工球形手柄组件

任务1　铣削球形手柄外球面

班级__________ 姓名__________学号__________ 成绩__________

一、判断题

1. 由铣削球面的原理可知，当铣刀旋转时，刀尖运动的轨迹与球面的截形圆重合，同时使工件绕其自身轴线回转，即可铣出球面。（　）

2. 为了使铣刀刀尖运动轨迹与球面的某一截形圆重合，铣刀的回转轴线必须通过工件球心。（　）

3. 球面的铣削加工位置由铣刀刀尖的回转直径确定。（　）

4. 当选用普通刀盘和刀头加工外球面时，可通过修磨刀头主偏角和副偏角调整刀尖回转直径尺寸。（　）

5. 铣削球面时，刀盘刀尖回转直径较小时，刀头应选取较小的后角，保证铣削顺利。（　）

二、选择题

1. 根据球面铣削加工原理，铣刀回转轴线与球面工件轴线的交角确定球面的______。

A. 半径尺寸　　B. 形状精度　　C. 加工位置

2. 铣削单柄外球面计算分度头（或工件）倾斜角与______有关。

A. 球面位置

B. 球面半径和工件柄部直径

C. 铣刀刀尖回转直径

3. 铣削等直径双柄外球面时，工件的倾斜角等于______，工件轴线与铣刀轴线的轴交角等于______。

A. 0°，90°　　B. 0°，0°　　C. 90°，90°

三、计算题

在立式铣床上铣削一单柄外球面，已知柄部直径 $D = 30$ mm，外球面半径 $SR = 30$ mm。试求分度头倾斜角 α 和铣刀盘刀尖回转半径 R_c。

四、简答题

1．铣削球面有哪些基本原则？

2．为什么用目测检验球面时，如果切削纹路为交叉网纹，即表明球面形状是正确的？

沿虚线剪下

任务2　铣削手柄盖板冠状内球面

班级__________　姓名__________学号__________ 成绩__________

一、判断题

1. 用立铣刀铣削内球面时，内球面底部出现凸尖的原因是立铣刀刀尖最高切削点偏离工件中心位置。（　　）

2. 当内球面留下的铣削纹路是单向时，球面形状不正确。（　　）

3. 内球面呈橄榄状的原因是工件与分度头同轴度差。（　　）

4. 铣刀盘上的切刀在铣削内球面过程中位移会影响球面的形状。（　　）

二、选择题

1. ______一般只适合于半径较小、深度较浅的内球面铣削。

A. 立铣刀　　B. 镗刀　　C. 端铣刀

2. 用立铣刀铣削内球面时，立铣刀直径______选取。

A. 可任意　　B. 应按 $d_c > d_{cmin}$　　C. 应按 $d_{cmin} < d_c < d_{cmax}$

三、计算题

在立式铣床上用立铣刀铣削一内球面，已知内球面深度 $H = 15$ mm，球面半径 $SR = 20$ mm。试通过计算选择立铣刀直径 d_c。

四、简答题

1. 铣削内球面时，对铣刀的位置有何要求？

2．用立铣刀铣削内球面时，为什么铣刀直径有最小直径和最大直径的限制？

3．铣削内球面时球面半径不符合要求有哪些原因？

沿虚线剪下

任务3　钻、铰手柄盖板上的小孔

班级__________　姓名__________学号__________ 成绩__________

一、判断题

1. 刃磨麻花钻主要是刃磨主切削刃和前面。（　　）
2. 修磨麻花钻横刃的目的是为了把横刃磨短，将钻心处前角磨大。（　　）
3. 在铣床上钻孔时，切削速度一般在 10 m/min 左右。（　　）
4. 在铣床上用固定连接法安装铰刀，若铰刀有偏摆，会使铰出的孔径超差。（　　）
5. 在铣床上铰孔时，铰孔完毕后应停车退出铰刀。（　　）

二、选择题

1. 麻花钻头上起主要切削作用的刀刃是______。

A. 前面与后面形成的主切削刃

B. 前面与第一副后面形成的副切削刃

C. 后面与后面形成的横刃

2. 影响麻花钻头尖端强度大小的几何角度是______。

A. 顶角　　B. 前角　　C. 后角

3. 在铣床上采用机用铰刀对钢制零件铰孔时，切削速度一般取______ m/min 左右。

A. 30　　B. 20　　C. 8

4. 在铣床上铰孔，铰刀退离工件时应使铣床主轴______。

A. 停转　　B. 正转　　C. 反转

5. 回转工作台的规格是以______表示。

A. 回转工作台的高度　　B. 回转工作台的半径　　C. 回转工作台的直径

三、简答题

1. 钻孔时，钻削用量与什么有关?

2. 手用铰刀的切削部分为何制作得比较长?

3. 在铣床上铰孔应注意哪些事项?

4. 回转工作台有什么作用?

沿虚线剪下

任务4　加工手柄盖板上的其他孔

班级__________ 姓名__________ 学号__________ 成绩__________

一、判断题

1．镗孔时一般将整体式镗刀直接安装在铣床主轴中进行镗削。　（　　）

2．刃磨高速钢镗刀时，应在白钢玉（WA）砂轮上刃磨，且应经常放入水中冷却，以防止切削刃退火。　（　　）

3．为了保证孔的形状精度，在立式铣床上镗孔前，应找正铣床主轴轴线与工作台面的垂直度。　（　　）

4．为了保证孔的位置精度，在立式铣床上镗孔前，应找正工件基准平面与工作台面的平行度，基准侧面与纵向或横向进给方向平行。　（　　）

5．在立式铣床上镗孔，镗削完毕，应停止主轴转动后，将镗刀尖对准操作者，然后使用升降快速进给使镗刀退离工件。　（　　）

二、选择题

1．在铣床上镗削直径小于30 mm的孔时，一般采用______镗刀。

A．整体式　　B．机械夹紧式　　C．浮动式

2．在铣床上镗台阶孔时，镗刀的主偏角应取______。

A．60°　　B．75°　　C．90°

3．在立式铣床上镗孔时，采用垂直进给进行镗削，调整时校正主轴轴线与工作台面的垂直度，主要是为了保证孔的______精度。

A．形状　　B．位置　　C．尺寸

4．在立式铣床上镗孔，退刀时孔壁出现划痕的主要原因是______。

A．工件装夹不当　　B．刀尖未停转或位置不对　　C．工作台进给爬行

5．在铣床上镗孔，孔呈椭圆形状的主要原因是______。

A．铣床主轴与进给方向不平行

B．镗刀尖磨损

C．工件装夹不当

三、简答题

1．如何选择镗刀杆和镗刀头尺寸？

2. 立式铣床主轴零位不准会对镗孔产生什么影响?

沿虚线剪下

项目七

铣削双孔曲面板及等速凸轮

任务1　加工双孔曲面板

班级__________　姓名__________学号__________成绩__________

一、判断题

1. 形面母线较短的曲面一般在卧式铣床上用立铣刀加工较为方便。（　）
2. 用立铣刀铣削曲面时，铣刀直径应根据最小外圆弧确定。（　）
3. 用回转工作台铣削曲面适用于圆弧和直线构成的曲面。（　）
4. 用回转工作台铣削曲面圆弧部分时，立铣刀铣削位置与圆弧的大小、凹凸及铣刀直径有关。（　）
5. 调整立铣刀铣削凹圆弧位置时，铣刀中心与回转工作台中心距离为圆弧半径减去铣刀半径。（　）
6. 在调整立铣刀铣削圆弧面位置前，必须找正铣刀中心与工件中心的相对位置，而与回转工作台无关。（　）
7. 铣削由凹凸圆弧连接而成的轮廓形面，应先加工凸圆弧面。（　）
8. 由凹圆弧与凹圆弧相连接的轮廓形面应先加工半径较大的凹圆弧面。（　）
9. 由凸圆弧与凸圆弧相连接的轮廓形面应先加工半径较大的凸圆弧面。（　）
10. 铣削直线和圆弧相切连接的轮廓形面，应尽可能连续铣削，但应先加工圆弧，后加工直线。（　）
11. 为了保证铣削圆弧面时的逆铣方式，铣凹圆弧时，立铣刀与凹圆弧转向相反，铣凸圆弧时，立铣刀与凸圆弧转向相同。（　）

二、选择题

1. 在回转工作台上加工圆弧面时，应使圆弧中心______中心同轴。

A. 与回转工作台回转

B. 与铣床主轴回转

C. 同时与回转工作台和铣床主轴回转

2. 铣削凹圆弧时，铣刀中心与回转工作台中心的距离应等于______。

A. 圆弧半径与铣刀半径之和

B. 圆弧半径与铣刀半径之差

C. 圆弧半径与铣刀直径之和

3. 铣削凸圆弧时，铣刀中心与回转工作台中心的距离等于______。

A. 圆弧半径与铣刀半径之差

B. 圆弧半径与铣刀半径之和

C. 圆弧半径与铣刀直径之和

4. 由______连接而成的曲线外形应先加工直线部分。

A. 凸圆弧、凹圆弧和直线

B. 凸圆弧和直线

C. 直线和凹圆弧

5. 由凹圆弧、凸圆弧和直线连接组成的曲线外形应先加工______。

A. 凹圆弧　　B. 凸圆弧　　C. 直线

6. 由凹圆弧与凹圆弧连接组成的曲线外形应先加工______半径的凹圆弧。

A. 较小　　B. 较大　　C. 相等

7. 由凸圆弧与凸圆弧连接组成的曲线外形应先加工______半径的凸圆弧。

A. 较小　　B. 较大　　C. 相等

8. 用回转工作台铣削凸圆弧时，铣刀旋转方向应与工件旋转方向______。

A. 相同　　B. 相反　　C. 相对静止

9. 用回转工作台铣削凹圆弧时，铣刀旋转方向应与工件旋转方向______。

A. 相同　　B. 相反　　C. 相对静止

10. 铣削具有凹圆弧的曲线外形，铣刀直径应______。

A. 小于、等于最小凹圆弧直径

B. 大于、等于最大凹圆弧直径

C. 在最小凹圆弧直径和最大凹圆弧直径之间

三、简答题

1. 什么是曲线回转面？铣曲线回转面有哪些基本的方法？

2. 在回转工作台上铣削由圆弧和直线组成的曲线外形时，怎样保证曲线各部分的连接质量？

沿虚线剪下

任务2　铣削等速盘形凸轮

班级__________ 姓名__________学号__________ 成绩__________

一、判断题

1. 凸轮的升高量是指凸轮曲线的导程。（　）

2. 盘形凸轮的升高量是指凸轮工作曲线最高点和最低点对凸轮基圆中心的距离之差。（　）

3. 盘形凸轮垂直铣削法是指铣削时工件和立铣刀轴线都与工作台面垂直的铣削方法，特别适用于加工几条不同导程的工作曲线的凸轮。（　）

4. 盘形凸轮倾斜铣削法是指铣削时工件与立铣头主轴轴线平行，并都与工作台面成一倾斜角后进行铣削的方法。（

5. 采用倾斜铣削法铣削盘形凸轮时，立铣刀的螺旋角应选的小一些。（

6. 用倾斜铣削法铣削盘形凸轮时，凸轮的周边切削部位沿铣刀的轴向有一相对运动。（　）

7. 用倾斜铣削法铣削盘形凸轮时，配换齿轮导程应大于凸轮导程。（　）

8. 用回转台垂直铣削法铣削盘形凸轮时计算配换齿轮可用公式 $i=40P_{丝}/P_{h}$。（　）

9. 盘形凸轮的工作形面一般是在圆周面上，因此通常在卧式铣床上进行加工。（　）

10. 用倾斜铣削法铣削盘形凸轮时，预算立铣刀切削部分长度应根据较小的分度头仰角进行计算，以满足整个凸轮的铣削需要。（　）

11. 盘形凸轮的导程一般都比较小，用分度头铣削适宜采用机动进给。（　）

12. 铣削盘形凸轮时，铣刀的切削位置应根据从动件的位置确定。（　）

13. 盘形凸轮的轮廓线由直线、圆弧和螺旋面组成，因此铣削时必须由分度头和工作台作复合进给运动。（　）

14. 采用倾斜铣削法铣削盘形凸轮时，只要对应调整、改变分度头和立铣头的倾斜角，便可获得不同导程的工作形面。（　）

15. 采用倾斜法铣削盘形凸轮时，应根据较大的分度头仰角 α 进行计算。（　）

二、选择题

1. 在铣床上用分度头挂轮加工的凸轮是______凸轮。

A. 等加速　　B. 等减速　　C. 等速

2. 凸轮旋转一个单位角度时，从动件上升或下降的距离称为凸轮的______。

A. 升高率　　B. 导程　　C. 升高量

3. 铣削盘形凸轮时，对______的凸轮，铣刀和工件的中心连线与纵向进给方向平行。

A. 从动件对心直动　　B. 从动件偏置直动　　C. 从动件偏置摆动

4. 用倾斜铣削法加工盘形凸轮时，实际导程 P_h 与假设导程 $P_{假}$ 的比值______。

A. >1　　B. ≤1　　C. <1

5. 用倾斜铣削法加工盘形凸轮时，铣刀轴线与工件轴线应处于______位置。

A. 交角等于倾斜角　　B. 平行　　C. 垂直

三、计算题

1. 用倾斜铣削法铣削具有两端工作曲线的等速盘形凸轮，已知 P_{h1} = 75.9 mm，P_{h2} = 72.19 mm，若假设导程 $P_{假}$ = 80 mm。试求分度头倾斜角 α_1、α_2 和立铣头扳转角度 β_1、β_2。

2. 用倾斜铣削法铣削具有两端工作曲线的等速盘形凸轮时，已知凸轮厚度 B = 30 mm，导程 P_{h1} = 75.9 mm，θ_1 = 120°，P_{h2} = 72.19 mm，θ_2 = 90°，立铣头扳转角 β_1 = 18°25′，β_2 = 25°32′。试求立铣刀切削部分长度 L。

四、简答题

在分度头上装夹工件铣削盘形凸轮有哪两种方法？简述其特点和适用范围。

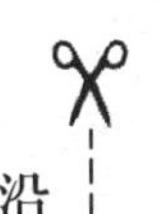

沿虚线剪下

任务3　铣削等速圆柱凸轮

班级__________　姓名__________学号__________成绩__________

一、判断题

1. 在圆柱端面上加工出等速螺旋面的凸轮称为等速盘形凸轮。　（　）

2. 铣削等速圆柱凸轮前，通常需按各导程螺旋槽起始点划线。　（　）

3. 铣削等速圆柱凸轮空程环形槽时，只需按其中最小的导程配置配换齿轮。　（　）

4. 铣削等速圆柱凸轮螺旋槽时，凸轮螺旋槽的夹角精度可通过分度手柄转数和圈孔数进行控制。　（　）

5. 铣削圆柱凸轮时，退刀与进刀只能通过移动工作台进行。　（　）

6. 铣削圆柱凸轮时，只有外圆柱面上的螺旋线与铣刀切削轨迹吻合。（　）

7. 铣削圆柱凸轮螺旋槽时，进刀、退刀、吃刀量操作均应在转换点位置进行　（　）

8. 铣削圆柱凸轮螺旋槽时，因是对称铣削，故不存在顺逆铣因素。　（　）

二、选择题

1. 右旋螺旋线是指______的螺旋线，铣床上铣削的刀具齿槽大多是右螺旋线。

A. 左上方绕向右下方

B. 左下方绕向右上方

C. 右下方绕向左上方

2. 螺旋线的切线与圆柱体轴线的夹角称为______，它是铣削时计算配换齿轮的参数之一。

A. 螺旋角　　B. 导程角　　C. 螺旋升角

3. 铣削一单线螺旋槽工件，计算时，其导程______螺旋线的螺距。

A. 大于　　B. 等于　　C. 小于

三、计算题

1. 用分度头主轴挂轮法铣削等速圆柱凸轮上的螺旋槽，已知铣床纵向丝杠螺距 $P_{丝}=6$ mm，配换齿轮齿数 $z_1=80$，$z_2=60$，$z_3=25$，$z_4=90$，曲线中心角 $\theta=210°$。试求凸轮的升高量 H。

2. 用分度头侧轴挂轮法铣削等速圆柱凸轮上的螺旋槽，已知铣床纵向丝杠螺距 $P_{丝}=6$ mm，升高量 $H=50$ mm，曲线所占中心角 $\theta=45°$。试求凸轮曲线导程 P_h 和配换齿轮速比 i 并选择配换齿轮。

四、简答题

1. 试述铣削螺旋槽的原理。

2. 铣削矩形螺旋槽时如何减小干涉现象？

3. 铣削凸轮时应注意哪些技术要求？

4. 试述铣削圆柱螺旋槽时应注意的问题。

沿虚线剪下

项目八

铁床的常规调整与一级保养

班级__________ 姓名__________ 学号__________ 成绩__________

任务1 铣床的常规调整

一、判断题

1. X6132型铣床主电动机与变速箱轴Ⅰ之间的弹性联轴器，在运转时能吸收振动和承受冲击，使电动机轴转动平稳。 ( )

2. X6132型铣床主轴的后轴承主要用来支撑主轴的尾端，对铣削加工精度无决定性影响。 ( )

3. 为了保证铣床主轴的传动精度，支撑轴承的径向和轴向间隙应调整得越小越好。 ( )

4. X6132型铣床工作台纵向进给轴向间隙大，只需调整两端推力轴承间隙即可消除。 ( )

5. X6132型铣床的双螺母间隙调整机构的作用是消除工作台丝杠与螺母之间的间隙。 ( )

6. X6132型铣床主轴上的飞轮是为了使主轴容易启动。 ( )

二、选择题

1. X6132型铣床主电动机与传动系统是通过______与传动系统的轴Ⅰ连接的。

A. 牙嵌离合器　　B. 摩擦离合器　　C. 弹性联轴器

2. X6132型铣床中决定主轴几何精度和运动精度的主轴轴承是______。

A. 后轴承　　B. 中轴承　　C. 前轴承

3. X6132型铣床增加主轴转动惯性的方法是______。

A. 选用大直径铣刀　　B. 安装飞轮　　C. 增加主轴质量

4. X6132型铣床主轴是______。

A. 空心轴　　B. 实心轴　　C. 外花键轴

5. X6132型铣床主轴的中轴承是决定主轴工作平稳性的主要轴承，采用______。

A. 单列深沟球轴承　　B. 推力轴承　　C. 圆锥滚子轴承

6. X6132型铣床的丝杠螺母间的轴向间隙通过______调整。

A. 丝杠两端推力轴承

B. 丝杠螺母间隙调整机构

C. 工作台导轨镶条

7. 调整铣床工作台镶条的目的是为了调整______的间隙。

A. 工作台与导轨　　　B. 工作台丝杠螺母　　　C. 工作台紧固机构

8. X5032 型铣床主轴轴向间隙的调整，一般只需修磨位于主轴下部的______。

A. 半圆形垫片　　　B. 垫圈　　　C. 挡板

三、简答题

1. 简述 X6132 型铣床主轴轴承间隙的调整方法。

2. 简述 X6132 型卧式万能铣床和 X5032 型立式铣床工作台纵向丝杠轴向间隙的调整方法。

任务 2　铣床的一级保养

班级__________　姓名__________学号__________　成绩__________

一、判断题

1. 铣床的一级保养应由操作工人独立完成。（　　）
2. 调整工作台镶条是铣床传动部分一级保养内容之一。（　　）
3. 检查限位装置是否安全可靠是铣床传动部位一级保养内容之一。（　　）
4. 铣床一级保养包括保养、传动、润滑、冷却、电气五个部位。（　　）

二、选择题

1. 铣床运转______ h 后一定要进行一级保养。

A. 300　　　B. 400　　　C. 500

2. 铣床一级保养部位包括外观、______、冷却、润滑、附件、电气等。

A. 机械　　　B. 进给　　　C. 工作台

三、简答题

铣床运转多长时间需进行一级保养？铣床进给、润滑部位的一级保养的要求是什么？